高等院校服装专业教程

创意服装设计学

梁明玉　牟群　著

西南师范大学出版社

总序

高等院校服装专业教程

  人类最基本的生活需求之一是服装。在过去的社会中，人们对服装的要求更多是趋于实用性与功能性。随着人类文明的进步，科学技术的发展和物质水平的提高，服装的精神性已越趋明显。它不仅是一种物质现象，还包含着丰富的文化内涵——衣文化。随着服装学科研究的不断深入和国际交流的广泛开展，服装产业的背景也发生了巨大变化，服装企业对设计师的要求日益提高，这也对高等教育服装专业教学提出了新的挑战。

  高等教育的服装专业教学，其宗旨是培养学生的综合素质，专业基础和专业技能。教育部曾提出面向 21 世纪课程体系和教学内容改革的实施方案，为高等院校在教材系统建设方面提供了契机和必要的条件。新时期教育的迅猛发展对服装设计教学与教材的建设提出了更新的要求。

  在西南师范大学出版社领导的大力支持下，根据教育部的专业教学改革方案，江西省纺织工业协会服装设计专业委员会针对江西省各高等院校开办服装设计专业的院校多、专业方向多、学生多等现象，组织了江西科技师范学院、南昌大学、江西师范大学、江西蓝天职业技术学院、江西服装职业技术学院、南昌理工学院的一批活跃在服装专业教学第一线的中青年骨干教师编写此套教材。这批教师来自不同的院校，有着不同的校园文化背景，各自处于不同的教学体系，分别承担着不同的教学任务，共同编写了这套具有专业特色的系列教材。因此，此套教材具有博采众家之长的综合性特色。

  此套教材，重点突出了专业素质的培养，以及专业的知识性、更新性和直观性，力求具有鲜明的科学性和时代特色，介绍并强调了理论与实践相结合的方法，其可读性强，且更贴近社会需求，更富有时代气息，体现了培养新型专业人才的需求。此套书适合作为高等院校服装专业的教材，也适合服装爱好者及服装企业技术人员使用。

  此套教材能顺利出版，特别要感谢西南师范大学出版社的领导和编辑们，感谢所有提供了图片和参考书的专家、学者的大力支持，感谢所有为编写此套书付出辛勤劳动的老师们。因时间及水平有限，丛书中疏漏及不尽如人意之处在所难免，恳请各位专家、同行、读者赐教指正。

中国服装设计师协会理事

江西省纺织工业协会服装设计专业委员会主任　**燕　平**

江西科技师范学院教授、硕士生导师

作者简介

梁明玉
西南大学纺织服装学院教授
服装设计与工程系主任
中国著名服装设计师
中国服装设计师协会理事
2008年北京奥运会闭幕式服装主创设计师
2010年亚洲运动会礼仪系统服装设计师
第21届世界大学生运动会闭幕式服装设计师
2006年亚太市长峰会贵宾服饰设计师
著有《裳》

牟 群
四川美术学院史论系教授
艺术理论家
著《中国油画精神景观》
《视觉生态与艺术病理》
《无话可说·视觉摇滚实验文本》
编导先锋话剧《八大山人》
系列电视纪录片《巴渝古人》

苏立文 序

我十分欣喜能够为我的朋友梁明玉教授写几句序。据我所知,她是将时尚设计作为一门严肃艺术的中国第一人,这一理念从未在 20 世纪 30 年代的上海大都市站住脚,而在解放后的几十年更是令人难以想象之事。

梁明玉作品的重要性来自其创作的高水平和原创性,不仅如此,更来自她对服装这一整体世界的独到理解。从传统的阴阳辩证法的角度来观看中国文化常常会给人启迪。 梁明玉则将该思想转化为现代中国文化中一系列具有独创性的辩证观,而鲜明地表现在其作品的设计和著述中:汉族与少数民族;过去与现在;创作与工艺;流行与高雅;艺术与工业;中国与西方。同时她也清楚地意识到东西方的交互影响;这一交互在刚过去了的一个世纪中大大丰富了中国文化,而目前,则表现为交互融合,一种国际风格正在形成。

梁明玉不仅充分地把握她所用的媒介,而且对她所做工作的全部涵义有深入了解,更能够将其技艺及其理解传授于其时尚界之学子,进而惠及从她教学、著述以及朋友友谊中获益的所有人。她一定是一位富有启发精神的老师,我衷心祝愿她的著作取得应有的成功。

苏立文(英国牛津大学教授、国际知名艺术理论家)
七月于英国牛津大学

FOREWORD

It gives me great pleasure to write these few words for my friend Professor Liang Mingyu´s book. So far as I am aware, she is the first person in China to establish fashion design as a serious art form － an idea that never took root in cosmopolitan Shanghai in the nineteen-thirties, and was unthinkable In China in the decades after Liberation.

What makes Liang Mingyu´s work important is not just the quality and originality of the work she creates, but her remarkable understanding of the whole world of human clothing. It is often illuminating to look at Chinese culture in terms of the traditional yang/yin dialectic. Liang Mingyu makes manifest in her designs, and her writing, a series of such creative dialectics in modern Chinese culture: between Han and Minority culture, past and present, creation and craftsmanship, popular and high fashion, art and industry, China and the West.

She is also well aware the East-West interaction, which has enriched Chinese culture so much during the past century, appears, at least in part, to be dissolving, and an international style emerging..

All this shows that Liang Mingyu not only has mastery of her medium, but has thought deeply about the full implications of what she does, and is able to pass on her skill, and her understanding, to students of fashion, and indeed to all who benefit from her teaching, her writing, and her friendship. She must be an inspiring teacher, and I wish her book all the success it deserves.

梁明玉 序
设计是服装产业的灵魂，
创意是服装设计的灵魂

服装设计在中国是年轻的事业；服装设计学在中国是一门新兴学科；服装设计概念是有待深入认识而后确立的概念；服装教学随着市场、产业、审美的检验而有着无限的拓展改善空间。

随着市场发展、消费水平的提升、消费心理的改变，服装品牌和服装文化的魅力不断改变着人们对服装的认识，服装消费由单纯的款式面料价格选择逐渐进入品牌消费和设计消费。在市场界和产业界的实践中，随着粗放经营、原始积累的结束，设计是服装业的第一生产力，是品牌的核心价值，逐渐成为业界共识，服装设计也受到空前的重视。以服装设计为主导的服装高等教育蓬勃发展，相关教材应运而生。

由于当前高校扩招的现实和学生就业的需求，各校目前普遍使用的服装设计教材，偏重概念普及，方法推广，经验运用。而从学理上研究、追寻、确立服装概念，并渗透、推及教学方法、教育过程和市场产业实践者，尚属鲜见。高等服装设计教育出现了高端和低端两头的误区，服装设计是实践性、操作性很强的专业，学设计专业的，一旦拿到博士学位，便基本上设计不出服装了。这是因为学科的理论化、抽象性遮蔽了服装设计的创意本质和实践特性。而在本科和硕士阶段，又往往仅止于普通应用性而缺乏学理的支撑和品位的鉴识，使培养的学生缺乏精度深度。这是因为教学的普及应用化忽略了服装设计的精神实质和基本学理。

就我国服装设计专业而言，多数开设于美术高校，也有部分理工院校，尽管教育部已将其纳入艺术类学科，仍因各院校学统差异、教学惯性、师资状况、设施条件而各具自身教育特点。美术院校造型基础较厚，一般偏重服装造型效果图绘制，其设计意识厚于视觉艺术而薄于市场与产业。理工院校教学程序严谨，一般注重工艺规范与综合知识，其设计意识厚于产品理性而薄于时尚兴趣。在教学的发展中，是扬长避短，坚持特色，还是兼收并蓄，择善而从？也都将各行其利，各见仁智。

我所任教的西南大学纺织服装学院，兼具了上述两种院校形态，既有多年的纺织、服装工程，材料科学的学术传统基础和教学规范，本科设计专业又由理工类招生归入艺术类招生。研究生也与美术学院合并行课。我个人的学术方向和专业所长，亦是服装设计的实践前沿，我个人的创作兴趣尤在服装艺术形态的高端创意。同时，我从业20多年以来，从未离开服装市场和服装生产前线，由于这种综合性教学条件、环境和我自己的教学与设计实践，我深感服装设计学科应该确立、贯彻学理研究和应用实践密切结合的学科性质、立场和教学方针，以使学生从学理知识到动手能力均能融会贯通、文武双全，方能真正了解服装设计专业，体会服装设计的真谛甘苦，适应服装设计的多元业态。确定了正确的学科性质、立场、方针以后，教材可以多角度、多资讯、多经验，以培养学生的复合型才能，开放性思维，适应多样的产业形态和市场层面。

上述对服装设计专业、职业的学术认识和亲身感受，形成了这部教材的基本构架和叙事体例。服装是最近距于人的文化载体和物质形式，几乎人人皆有感知，皆能欣赏，皆能评说，人皆有独自的趣好、选择的自由。但作为严谨的学科、竞争的产业和严酷的市场，那却是需要呕心沥血、励精图治的奉献，值得一生为之热爱、牺牲而乐在其中。借用业界西谚，"if you love her/him, you should let her /him do fashion, if you hate her/him,you should let her/him too"，"你要是爱她（他），就让她（他）去做服装，你要是恨她（他），也让她（他）去做服装"，谨与服装设计专业莘莘学子共勉。

目录

第一章 服装设计与创意思维 / 001

    一 服装设计的概念与学理 / 002

    二 服装创意设计概念与学理 / 009

    三 服装设计与创意思维 / 012

第二章 服装创意设计的教育过程和重点环节 / 029

    一 造型基本功 / 030

    二 人的行为空间与服装空间意识 / 040

    三 动手制作能力的培养 / 043

    四 审美品位艺术鉴赏能力 / 052

    五 材料及资源选择、组合能力 / 053

    六 创意思维和灵感孕育 / 054

    七 各种能力的综合与互补,教学方式转换 / 055

    八 服装设计师的基本素质 / 055

    九 服装设计的创意过程 / 063

    十 创意图式的形成 / 065

    十一 什么是原创 / 066

    十二 服装创意与毕业设计 / 067

第三章 创意设计是服装设计的根本保障 / 073

    一 服装是人类永恒的需求,创新是市场的赢家 / 074

二　创意设计与市场指标 / 074

　　三　谁穿你的衣服——创意设计的定位 / 075

　　四　流行趋势 / 075

　　五　变化与追求——创意无止境 / 080

第四章　创意设计作为服装品牌的核心要素 / 083

　　一　创意设计与品牌定位 / 084

　　二　品牌符号与消费阶层 / 085

　　三　T型台与卖场 / 084

　　四　品牌形象与风格特征的创意表现 / 086

第五章　创意设计是产业肌体的主导神经 / 089

　　一　设计管理与首席设计师、设计总监 / 090

　　二　设计环节与团队协作 / 091

　　三　整体风格与细节品质 / 093

　　四　创意设计与工艺程序 / 094

　　五　创意设计与生产环节 / 095

第六章　创意设计与市场反馈、消费引导 / 101

　　一　市场预测与设计拓展 / 102

　　二　市场反馈与设计调整 / 103

　　三　消费的承受能力和设计的创意尺度 / 104

四　消费者的设计诉求 / 105

第七章　创意设计的历时与共时：文化根脉与时尚流行 / 107

　　一　服装的经典与流行 / 108

　　二　国际趋势与民族内核 / 109

　　三　流行时态与地域差异 / 112

第八章　民族服装的传承与创新 / 115

　　一　服装的原生态保护和延生态创新 / 116

　　二　民族服饰资源选择和创意拓展 / 118

　　三　民族服装的创意智慧和设计语境 / 122

第九章　创意设计与演艺服装 / 127

　　一　服装创意与演艺形态 / 128

　　二　服装创意与导演意图 / 137

　　三　舞台空间与服装语境 / 139

　　四　什么是现代化，什么是民族性 / 141

　　五　创意品位在服装功夫之外 / 141

　　六　什么是国际化 / 143

第十章　作为纯艺术形态的服装创意 / 145

　　一　服装的精神性和文化内涵 / 146

二 服装创意的本质是对人的关怀 / 147

三 前卫观念与服装创意例析 / 147

四 服装的艺术境界 / 148

五 服装的艺术表现手段 / 150

六 服装创意的表现语言 / 159

七 名师的创意及风格透析 / 166

第十一章 创意设计与资源整合 / 177

一 服装艺术的创意来源 / 178

二 社会生活资源 / 178

三 科技资源 / 181

四 流行信息资源 / 182

五 文化资源 / 183

六 艺术资源 / 186

七 视觉资源 / 190

八 传媒信息资源 / 191

后记 / 196

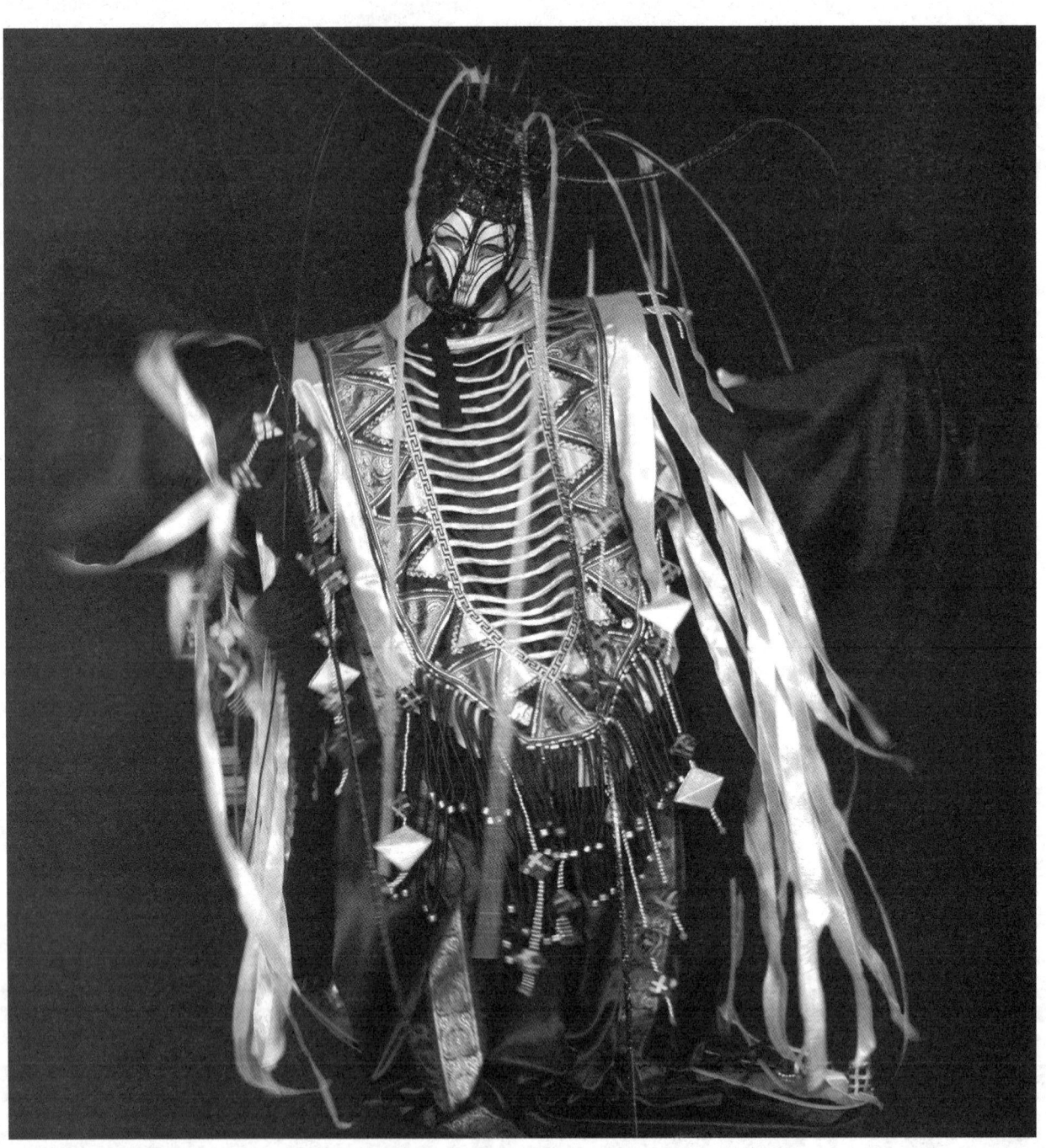

高等院校服装专业教程
创意服装设计学

第一章 服装设计与创意思维

一 服装设计的概念与学理

(一)设计的社会性概念

服装设计学是现代设计学的组成部分。现代设计有别于人类传统的制作史和工艺史现象,在传统的建筑、器物、饰品、服装的创造生产中,虽然有着博大精深、巧夺天工的设计因素,但这种设计因素与现代设计概念是不同的。在人类制作文明处于农耕时代和手工艺时代时,设计这一概念没有获取其独立意义,还只是针对个别创造和具体作品的立意经营。

从经济学认识,在手工业时代,器物创造和工艺创造以工匠和作坊为主体,没有适应广泛需求和群体消费市场机制,没有批量制作、大规模生产的社会性生产企业,来保障设计的通用性。

从社会学认识,由于权力专制,财富集中于皇室贵族富豪,人类消费出现了巨大的两极差异,由社会阶级制度形成等级差异性及严格规定性,决定了普通庶民消费与王公贵族消费亘古不变的巨大差异,由此也决定了在审美观念上的差异。工艺品和服装的艺术成就与审美形态也主要针对及生发于王公贵族的生活、权力和观念需求。

从传播学认识,服装流行传播是受制于社会环境、阶级意识、等级观念等社会环境条件的。服装的审美、流行趣味在专制的封建社会和森严的身份等级制度中,被抑制或限制在特定的范围内,流行的传播速度和传播范围便很狭隘。传播方式也是通过宗法、礼教、族规、体制、家训、私传、密授,所以,在传统和集权社会,人们的服装风格极富有部族特色,各民族各国家各区域都强调自身特色、规范,服装成为部族、权力和等级的直接符号,绝对不能轻易更改。在集权社会,民众生活方式是在权力、体制、礼教、宗教等的控制之下,几乎就是按规矩办事,来自于个人心性的诉求和创造是极少的。服装同样如此,无论贵族平民,在服装形制上绝不能有所僭越,否则便会引来杀身之祸,更何谈按自己的喜好打扮自己。由于这种社会性质的保守,在一般情况下,各部族服饰的相互交流融合的影响因素不大。而造成服装形态风格变化的主要因素是战争占领、部族联姻合并、民族集居、朝代变更等。

从工艺学认识,在制作手段上,虽然农耕时代和手工业时代有着各种各样的营造法式和制度规范,但仍不会形成以系统科学技术和标件化互配性为支撑的产业环链和工商体系。设计意识还只停留在意匠的个体方式和作坊的风格传承之上。在进入现代社会之前的几千年,人类的服装只是在手工制作工艺和装饰性上迟缓进展或沉淀不前。

设计(design)这一概念,是一个完全的现代概念。是现代社会思想,生产和消费的社会结构,工业革命,商业模式,生活方式促使有了设计(design)这一概念。

19世纪下半叶到20世纪初,工业革命的成功和科学技术的发展,推进了人类社会迅猛发展,资本由原始积累进入垄断状态,列强并起,军事和经济扩张。资本主义社会形态成熟,形成以生产和消费支撑的社会,整个社会就是一部庞大的生产机器。社会分工、劳动分工细化,工业制造程序化、流水化,所有的产品生产进入批量化、标件化,并具有互配性。生产管理的严密和科学技术的更新保障了规模生产和标准化生产。生产方式和生产关系发生巨变,工业缝纫机替代了裁缝店和家庭手工制衣。在工业生产的分工、协作、组装程序中,设计的模式和标准作用得以凸显,设计的创意、核心、引导、决定性的作用得以发挥。在现代工业生产和社会性生产中,对生产程序中的所有环节都可以预先纳入设计方案,从而最大程度地节约资源和劳动力成本,降低消耗,程序的优化可以在设计中表现。在这层意义上,设计获取了第一生产力的地位。

由设计导致工业、生活方式和社会变革的现象充满了整个现代世界。20世纪包豪斯的设计理念和教育模式直接推动了设计的产业化,以专业设计为服务的工作室、事务所、公司直接进入社会生产,设计作为智能产业和创意劳动遍布社会层面的各行各业。同时,设计作为工学学科和应用艺术学科进入高等教育和学术研究领域。服装设计开始由裁缝行业提升为系统的学术研究和高等职业教育。素以高端文化精神之巅自诩的法兰西文学艺术院破天荒地授予服装设计师皮尔·卡丹以院士殊荣,象征着服装设计这一专业从传统手工业上升到现代文化和现代科技制造领域,并受到普遍尊重。

在商品流通和消费需求方面,服装和汽车、家用电器、家具、器具、化妆品、食品一样,通过大规模生产制造,通过商业流通走进千家万户。设计通过标准化控制指导着消费者的生活习惯和生活方式。设计也在消费的反馈中改进产品形态和生产方式。在现代社会生产、市场需求的环链中,消费是设计的基本依据和动力。现代社会的消费机制,为设计提出了永恒的需求,只要消费存在,设计就永不停息,永远求奇追新。

20世纪人类社会变革激剧深刻,历经两次世界大战,局部战乱不停,国际阵营翻云覆雨,民主制度普遍替代专制制度,科学奇迹不断出现。社会思潮汹涌澎湃,信息总量超过自有人类以来的总和,经济空前发展,资源不断破坏,文化冲突融合前所未有。凡此种种社会变革,都给人类的服装带来巨大影响和作用。服装在国际化和民族性之间,职业功能和休闲需求之间,社会身份和文化潮流之间,传统习俗和流行传播之间,战争与和平之间,市场竞争和贸易发展之间,急速变化,精彩纷呈。

(二)服装设计的产业概念

从20世纪初开始逐步形成的现代服装产业,从小作坊、小车间发展到今天的现代服装产业形态,由跨国集团经营,以品牌战略定位,国际贸易架构支撑的国际化生产模式。各国的内需市场也充满激烈的竞争,企业品牌和设计师品牌各具产业特色。

服装是人类三宗最大消费商品之首,其他两项是化妆品和珠宝饰品。全球每年有数千亿美元的服装消费量。欧盟位居全球服装出口之冠,2002年服装出口504,5亿美元,第二位是中国,2002年为413亿美元,为全球第一服装出口国。欧盟也是全球第一服装进口市场,2002年为848,8亿美元。美国为世界最大服装消费市场和进口国,2002年为667,22亿美元(以上数据依据中国服装协会《中国服装行业发展白皮书2003~2004》)。虽然随着服装产业科技发展,服装机械化生产、流水线生产及数控化生产已很完善,由于服装生产的手工特性规定,尚不能完全实现自动化生产,每件服装必须经由人工操作完成,仍然属于劳动密集型产业。随着发达国家的福利化,劳工成本增加,许多服装企业转移到劳工成本相对低廉的发展中国家,或以委托加工贴牌的生产方式将生产转移至发展中国家。通过生产转移与技术输出,发展中国家的服装生产能力和水平已接近发达国家。中国目前已成为全球最大的服装加工国和出口国。

服装产业(当然也包含作为服装原材料的纺织业)的这种全球化背景,使服装设计这一决定性生产力的作用愈显突出。服装的附加值几乎主要集中在设计和品牌的无形资产及高科技含量中。设计作为产业的核心生产力和产品的核心竞争力,已受到各国企业商家和政府的高度重视。在许多发达国家,培养、引进、组合设计人才,扶持、奖掖、推动、发展设计产业、设计机构,兴办扩大设计教育,已成为国家发展计划和政府方略。如英国实行创意产业国家计划,举办各种服装设计竞赛和设置奖学金在全球选推设计人才。中国纺织总会和中国服装设计中心也推出名师工程计划,举办各种设计大赛,都旨在培养服装人才。中国的服装企业在原始积累时期,依靠粗放性经营和低端市场的模式,不重视设计生产力。经过残酷的市场竞争,许多不重设计不重品牌的企业被淘汰出局,企业在市场的教育下,增强了设计意识,招纳设计人才,中国的服装企业经过艰难的磨砺和失败教训,逐步走进以设计和品牌为主导的时代。设计的作用已经被业界正视,但设计本身作为一种产业和一种系统工程,尤其是以智力劳动为主体的性质,对于中国众多的服装企业,由于仍处于从劳动密集型向智能型企业转型的过程中,还有待意识的深刻转变和长期的产业改革实践。

在市场实践和国际竞争中,中国的企业必须提高科技创新能力和自主知识产权意识,这是21世纪智能时代所规定的,否则就会被淘汰。对服装企业而言,就是必须创造并维护自主品牌,形成产品创新机制,以不断创新的服装形态和不断提升的品质赢得市场。

年轻的服装设计者刚从学院毕业,往往会把服装设计当作浪漫自由的纯艺术创作或充满理想色彩的业态,对设计的产业概念不甚明了,尤其是对产业规律及设计的规范和限制不能适应。这个适应过程是很痛苦艰难的。所以，在本科教育阶段，必须使服装学子们对设计的产业概念有基本的了解和必要的心理准备，以便能适应未来的设计业态。

(三)服装设计的市场概念

服装自进入人类文明社会，就是以商品形态存在，诗经中所谓"氓之蚩蚩，抱布贸丝"，描写了早期纺织服装集市交易的诗意图景。服装的市场是多样化的，无论市场交易如何发展，不外乎分为集团定购、批发、零售三种基本方式。军装、职业工作服、救援被服等特殊功用服装一般是集团定购。批发是大批量、阶层性的分销。零售则是直接面对个体消费者。由这三种基本方式演绎出各种市场形态和销售方式，从国际贸易到网上购物，从超市货架到量身定做。

不同的市场所销售的服装形态是有差异的。产品的细分化必然要求设计的针对性、专业化和精致性，每种市场都面临竞争。集团定购一般采用竞标程序以保障定购方最大值的成本节约与购方性价比，供应商必须在相同或近似的价位、质量、供货能力与服务条件之上体现出自身优长。这种取胜的优长往往在于设计含量和设计的独特性与适用性。

批发市场和批发型企业由于批量生产和销售，有限的利润必然要求控制成本。无论是发达国家或发展中国家的市场现实，批发市场都具有最大宗的交易业务和最大份额的市场占有率，由于面对广大低消费群，低价低质、粗制滥造和山寨现象难以避免。但批发市场同样竞争激烈，随着经济、社会、文化和消费能力以及消费观念的发展，单纯价格竞争只会造成市场的破坏失衡。提高产品质量，增强时尚流行因素和设计含量，逐步走向品牌经营，才是批发市场的必然路径。

中国服装市场巨大，随着市场升级和消费者需求，无论服装批发企业还是个体服装商，都亟须培养增强设计队伍，提升自身服装品位修养，了解流行信息和消费信息，以适应迅疾的市场变化。设计人员在批发型企业和批发市场的作用刚被认识，所以尚有无限释放才能的空间。(图1-1)

服装零售是品牌市场。无论大型商场还是专卖店，服装产品都是直接面对消费者。这将直接考验服装产品是否成功，设计师的风格是否被接受。服装设计这个行业，是受制于流行文化和消费心理的行业。设计师不能凭着自己的浪漫想象驾驭市场，而主要是根据市场的走向和消费的需求来进行适合性的创造。零售企业的设计和设计师工作室，主要的任务就是调查市场、分析流行，以提出适合市场的创意并引导市场。

服装教育必须正视产业和市场的现实，培养的设计人才必须能适应就业需求和市场现实。所以，在服装本科阶段，就应该使学生明确设计的市场概念。作为产业生产力的服装设计，其立足的根基就是市场而非单纯的艺术创造。明确服装专业毕业生绝大部分将从事针对市场的规范性设计和适合性创意的工作，这一点是非常重要的，关系到所培养的人才能否就业，能否发挥所学专长。(图1-2)

图1-1　规模庞大的服装及配饰批发市场(广州中大布料市场)

图1-2 意大利米兰的服装及纺织品商店橱窗

(四)服装设计的品牌概念

一般情况下,消费者是从品牌的整体印象来认识服装的。从接受方面来看,一个服装品牌给予消费者的应该是良好的商业形象,包括它的整体风格、文化品格、阶层适应性、人群类型、时尚指数、流行程度、具体款式、设计创意、做工质量、面料质地、客户服务、设计师知名度、商业评比上榜率、卖场形象、包装、销售人员敬业度、广告形象、传媒占有率、与其他同类品牌的性价比等。由此可见,服装的整体风格,产品的具体形态,传媒卖场的广告形象等主要核心部分都是取决于设计,设计与市场的对路与否决定着品牌的成败。

服装品牌大致分为企业品牌和设计师品牌。企业品牌注重整体的品质和大众审美趣味,注重消费层面的广适性。其产品形态的设计是通过设计师团队来完成,往往注重强化品牌符号,借靠大众文化的趋同消费心理,以强势的销售成本投入和传媒引导占领市场。而设计师品牌更注重服装的人性化与个性化,借靠消费者对设计师风格的追崇和明星效应,其产品形态亦更具风格化和族群消费特征。

品牌化是消费时代的必然趋势,每个品牌都必须不断巩固、调整、升华品牌内涵,都必须不断推出、变化新的产品形态和新的风格创意。设计师也必须根据品牌的定位与调整不断推出具体的服装款式。

服装品牌的成熟,有其自身的规律和缘由。品牌风格和形象,是沟通设计师创造与消费者需求的桥梁和载体,每一位设计师都必须建立品牌意识。(图1-3、图1-4)

图1-3 巴黎春天百货

图1-4 巴黎Dior品牌总店

005

(五)服装设计的审美概念

服装在人类生活中,除了其功能性和商品性外,也是人类最基本、最直接的审美载体。审美是人的本能意识,而服装是人类最直接的审美载体。古今中外,世界各民族的服饰都记载传达了其独特的审美意识。人类千姿百态的服装,表达了不同地域人们丰富的想象力和创造力。

在现代社会,人类的服装意识,早就脱离了御寒防暑、蔽体遮羞的基本功能,而主要是审美需求和社会身份需求。

服装的审美特征和艺术特征,其根本的基础是以人为载体。人是审美意识和艺术创造的核心,对于服装审美与服装艺术而言,人的概念是人的身体和人的思想意识、精神境界以及情感方式。人的身体是有限的,而人的思想、精神、情感是无限的。人体工程、肢体结构、人体空间、服装型号适配等,只是服装与人的外在关联;人的气质、性格、风仪、内在思想、情感与情趣、文化属性等,才是服装与人的深层关联。审美性其实就是人的感性无限性。认识服装的审美概念,首先就要认识到服装的美是人的感性无限性的创造。人的精神、情感无止境,服装的创意创新就无止境。服装审美、艺术创造以人为本,可容载、吸纳人间万象、大千世界、海阔天空、宇宙吾心、物我相忘。服装虽然是一种有规范的应用艺术,但其审美的高度、广度、深度却是不可量限的。同理,服装艺术的创造和魅力也是永恒无限的。

一般说来,服装审美和艺术创造是记载、融汇于服装的商品形态和社会景观中,也就是说服装的美更多地呈现于商业审美和民俗生活审美中,服装艺术更多的是实用艺术形态和通俗流行艺术形态。服装设计的对象是人,是基于人的本能需求,针对人的物质需求与精神需求,功能需求与审美需求而创意的,并具适合性与规范性的设计。但服装审美、服装艺术也可以超越实用的流行的商业的民俗的形态而升华到纯审美精神形态和纯粹艺术形态。服装艺术与其他纯艺术如音乐、绘画、雕塑、史诗一样,可以通达纯精神领域,震撼人心,给人以纯美的精神审美享受。(图1-5)

图1-5 中外各历史时期的服装 梁明玉手绘

(六)服装设计的文化精神与思想观念

在服装设计的审美概念中,我们明确了服装设计的核心是人,并能同人的审美本能超越现实规定,达到或呈现精神思想层面。在人类每个历史阶段,人们通过服装来传达表现文化精神,虽然"以衣冠取人"不全然准确,但一般说来,通过一个人、一个族群的衣装可以看出其基本的文化属性、生活状态和精神面貌。在不同的社会阶段和社会属性及条件中,服装表现出不同的文化精神。譬如,在中国长期的封建社会,服装形态服从于礼教规诫、宗法形制和阶层特征;在革命和新文化时代,服装形态则表现出自由简洁奔放的特征;在"文革"期间,中国人的服装呈现出高度一致的准军事化形态,表现出高度共性的文化精神;而在今天的消费时代,服装则受流行规则和大众文化的规定,体现出泛民主化、无中心化、多元化、传播化的文化内涵。(图1-6~图1-8)

图1-6 不同肤色、种族、文化的人类大家庭（油画） 诺曼·洛克威尔

图1-7 "文革"服装

图1-8 50年代服装

图1-9 生态环保主义的服装设计

人们对服装的认识与定义，一般被认为是人体的包装。但包装是外在的(extrinsic)概念。仅仅认为是人体的包装，就会把服装所蕴含的精神内涵忽略掉。所以，我们给服装下的定义是人的内在的(intrinsic)精神的外化。

在现代服装史中，各阶段的流行趋势作为大众文化形态，不仅是客观反映而且是主体创造推进了时代文化精神与社会思想。谁也不能准确判断是激进主义、反战思潮生发了喇叭裤、摇滚乐，还是喇叭裤、摇滚乐生发了激进主义、反战思潮。（图1-9）

凡杰出的服装设计师，必然有其代表性的作品，这些作品之所以铭记在服装设计史上，不仅仅是因为其作品的独特形式意义，更是因为其形式中所蕴含的文化观念、精神坐标和美学境界。譬如迪奥的设计，把资产阶级新贵的华贵感和开放性糅合，创造时尚的范本；夏奈尔的女装，融合战后的生存危机、女权空间，刻写时代对女性的风仪诉求及含蕴的奢侈；范思哲则以罗马奢靡图式的现代版，勾起消费者的声色残梦，正吻合了旧瓶新酒的时尚需求；三宅一生的折褶服装样式，凝聚着面料科技、建筑意象，以及服装柔性的几何数理变化幻象，正是20世纪后半叶万花筒般的社会折射；川保久玲的冷风格服装样式，传导了现代社会的异化与隔膜，造成人性的孤寂和另类的美感；梁明玉的《红星毛泽东》服装样式设计于1991年，用大写意的服装形态真实地表现了国人从意识形态时代突然跨入消费时代的荒诞、兴奋与光鲜灿烂。这些服装由于承载、传达了特定时代的文化精神

007

和思想，而获得了高端艺术形态和精神坐标的涵义。（图1-10、图1-11）

判断艺术作品和装饰品、工艺品的分殊，在于其精神思想含量。同理，服装设计的精神思想含量，决定着其是否具有艺术品涵义，亦或是一般具有审美性的应用商品。

并不是所有的设计学子都能从事高端的服装设计，以其精神思想的蕴涵，时代文化的标程来引导设计潮流和服装趋势。但服装设计的文化精神概念，服装设计所能达到的思想高度，应该为每一位设计师所明确，以期使自己的设计事业具有明确的坐标和引导，使之能洞察、提供时尚社会需求的层次与品位。设计师贯注了设计的精神文化概

图 1-11 《红星毛泽东》梁明玉

图 1-10 《红星毛泽东》梁明玉

图 1-12 夏奈尔风格

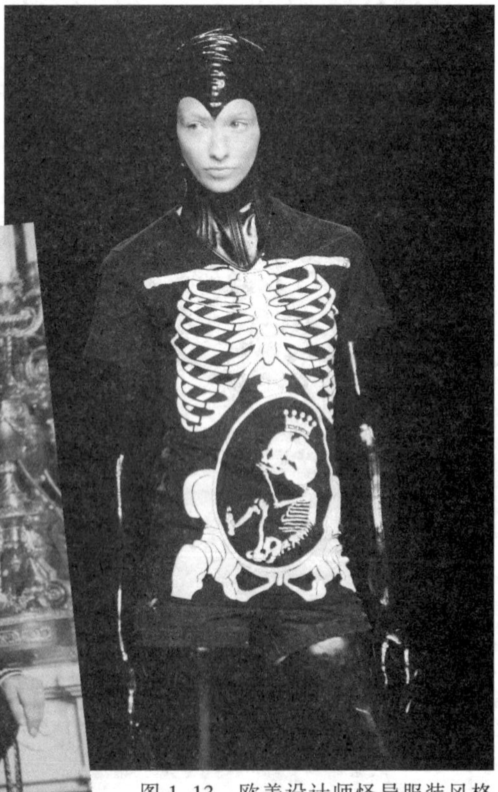

图 1-13 欧美设计师怪异服装风格

念,便会自觉地丰富、扩展自己设计的内涵,能从更深的文化、社会层面把握设计的动向。一个画家如果没有精神关照、文化修养,他(她)就永远是个画匠。同理,一个服装设计师,如果没有精神关照、文化修养,他(她)就不能设计出高品位的服装。所以,设计师应该关注设计之外的社会文化精神现象和信息。

(七)服装设计学理

当代社会设计已渗透到经济生活的方方面面,艺术设计也已成为提高经济效益和市场竞争的根本战略和有效途径。作为经济的载体,创意设计是国家和企业发展最有效的手段。重视与推进设计产业和设计教育,已成为一个国家发展的重要任务,因此许多经济发达国家都把发展设计产业和设计教育作为一项基本国策,放在国家发展战略的高度上来把握。以人为本的智能化生存方式已经逐渐改变了我们以往习惯的学习和工作模式,人性化设计是对这种生存意义的物化诠释。好的艺术设计往往体现了科技人性的一种外化与内涵。因此,科学与艺术的合作与对话就有其更重要的意义。充分认识设计的重要社会价值,从艺术设计是生产力的角度予以关注和扶植,艺术设计就能够推动国家经济的发展。(图1-14、图1-15)

图1-14 戛纳电影节入场式保安服

图1-15 巴黎蓬皮杜艺术中心外观

二 服装创意设计概念与学理

(一)创意与创新

在前面部分我们明确了服装设计的一般概念,即现代服装设计主要是作为产业的生产力和大众消费商品,服装设计必须符合社会生产和消费的规定。现代服装产业是规模生产,服装消费是模式化、标准化的消费。服装作为产品,规格、型号、款式、质地、技术指标必须标准化。服装消费是以流行趣味、族群类型而适合选择。现代服装产业的这种规模化、标准化,服装的流行规定和适合选择,决定了服装的技术标准和审美规定、流行规定、消费对象,这些都是服装的常规。而服装市场和消费者又随时具有突破常规的创新需求。正因为服装的常规性、普及性、适合性,往往会使服装设计形成套路和束缚,是服装设计的障碍。所以保持设计的创新,潮流的引导,就成为服装设计的核心任务。而这些都必须以创意引导设计,设计必须贯穿创意。

在20世纪最后十年,全球服装业的竞争进入品牌竞争和设计理念创新竞争的时代,竞争激烈、新锐竞出、方兴未艾、经久不息。产业和品牌的竞争集中在智慧、创意、创新三方面。品牌创新往往是从品牌接受层的生活方式、文化趣味来创造新意、调整形态,或者营造一种文化氛围、历史记忆、消费资源,这些都是调集利用的非物质精神资源,都是要靠思想的创意。服装流行趋势日新月异,款式千姿百态,同时也形成流行的套路。新的服装形态如何能从流行套路中脱颖而出,成为潮流先锋或潮流另类,都是要靠独到的创意。

图1-16 俄罗斯服装设计师的创意图式,撷取、综合了俄罗斯的建筑、民间工艺图案、宗教意象等因素。

创意与创新不同,创新可以凭借技术手段、物质形式,而创意必须贯注思想和意趣。有创新未必就有创意,有创意必须落实于产品,则有创新。

对于产品的创意和创新,则可以见出以下的分晓:创新可以表现为产品的更新换代,功能更完善,操作更方便,更具适合性。而创意则表现为观念性的改变,是来自设计意识中的一种震撼与新奇。打破常规性经验性的束缚,使产品有全新的涵义创造以及人性化的震动和意趣。

21世纪全球兴起的创意产业,在各领域掀起了新的一轮产业革命。

人类的第一次产业革命以机械化取代手工劳动。第二次产业革命以信息化、数码化通过增效而升值。而创意产业是以人的智慧包含非理工领域的人文思想艺术智慧作为生产力。由之改变或深化产业形态,扩大产品内涵,适应消费时代的需求,创意产业有着以下特征:

1. 以智慧为生产力,以无形资源创造有形资产,开启心智,四两拨千斤;

2. 能整合、优化多种资源,使其通过资源互补互构产生新价值;

图1-17 重庆黄桷坪涂鸦街表现了欣欣向荣但又有些无序的美学景观。

3. 有利于生态环境保护和资源节约。

创意产业的这些特征,符合了人类当代社会和产业发展的需求与现实。在高科技时代,新材料新工艺层出不穷,成型技术可应对各种需求,产业细分化、专业化。可以说,人类的创造,只有想不到,没有做不到。于是,创造的核心就是创意。思想空间,精神架构,超越性智慧对于产业呈现出前所未有的重要性。在市场的现实中,各类市场高度饱和,产品开发就是制造新的消费需求。在消费时代,消费底端是物质基本需求,消费的高端与终极的消费愈趋向精神需求。高端需求的虚拟化、附加值和个性化愈趋明显。因而,智能化生产,精神性需求,人性化服务,艺术性愈加成为消费市场的重中之重。(图1-16~图1-19)

(二)独立自主知识产权

服装设计与人类其他产业类型、艺术形态一样,独立知识产权是确立其自身价值,增强品牌附加值的关键。

21世纪产业和市场的竞争核心是独立自主知识产权的竞争,谁拥有知识产权和核心技术谁就拥有了市场。因而开发和保护自主知识产权成为全球企业的重要意识和手段。保护知识产权的方法很多,有专利保护、商标保护和行业规范保护。在服装产业,由于专利保护的性质,对对象与结构相似而形态多变的服装产品鉴定有技术上的困难,故保护力度不大,专利也不授予普通的服装设计成果。而商标保护对于服装品牌的保护力度是很大的。随着中国加入WTO,对服装品牌及品牌内涵、服装设计形态的保护逐渐加强。各服装企业和市场各商家之间,亦逐渐加强行业市场间的自律和监督机制,通过行业规范,防止对知识产权的侵害。

对于服装企业而言,不注重设计开发,只靠抄版偷款维持生计者,必将被成熟的市场和不断提高品位的消费者淘汰,但是即便是维持现状,通过提升对产品的鉴定选择组合能力,也能相对长久。

对于服装品牌,只有不断提升自己的创造力和设计开发能力,才能拥有更多的固定的消费群,扩大品牌知名度,从而立于市场。

图1-18 巴黎箱包门市——商业视觉被高度放大。

(三)作为艺术的商品与作为商品的艺术

服装伴随人类审美本能而产生发展,天生具有审美属性,服装承载人们的审美观、审美心理、习俗传统、私密情感、喜怒哀乐情绪、人际交往的信息传达。所以,服装是具有艺术含量的商品。服装设计满足人们的审美需求,这种消费需求就是消费设计、消费艺术创造。这种需求和消费,创造和欣赏之间,构成了服装文化和服装艺术。一般情况下,服装文化属于流行文化,服装艺术属于通俗艺术。为了促进服装消费而产生的文化现象属于商业文化,在消费过程中产生的文化景观属于时尚文化。

在现代消费社会中,流行文化、商品文化与通俗艺术形成强大力量和特殊规律,服装作为最广泛的商品和流行文化,当然具有独特的商业文化规律和通俗艺术特征。

图1-19 川剧吐火,神异古怪、出奇不意。

认识服装作为具有文化涵义和艺术含量的商品,必须从消费的性质去认识。人们通过服装点画生活的审美情趣,表达自己的着衣风度韵味。通过服装传达自身的尊严、地位和文化修养,寄载自己的理想或梦幻,抒发自己的心情,调节自身的情绪。甚而用服装来营造某种情境,创造某种意境、某种观念,这些消费都属于文化消费和艺术消费,其性质跟买票去剧场听歌剧,去影院看电影一样。服装是作为文化艺术品,美化生活,修饰身体,愉悦心灵,舒适惬意,表达创意。这种消费已超逾物质消费的意义而上升到精神消费的意义。(图1-20~图1-22)

图 1-20 巴黎的时装橱窗

图 1-21 2008 年北京奥运会英国 8 分钟的演出

图 1-22 梁明玉服装艺术陈列馆

三 服装设计与创意思维

我们已经明确，服装行业的第一生产力和市场竞争力是设计。通过设计创新，满足日益增长的市场和消费需求。设计如何做到创新？这必须使设计师具有创意能力，使之所设计的服装，不仅有新的物性功能，而且有新的审美意趣和文化含义与精神境界。如何培养设计师的创新创意能力？这是服装教育的核心问题，也是最真实的问题，创意创新往往是超越艺术技法和设计规范的，需要培养、发掘设计师的心灵、直觉和情感，培养设计师的创意思维。如果只教给学生技法和规范，不注重发掘、培养学生的创意思维，最终只会培养出拙劣的照葫芦画瓢的工匠，设计出的服装呆板无味，没有生气灵气，服装如果没有生气灵气，工艺制作越完善就越糟糕。没有创意思维能力的设计师不能感受时尚，体会审美需求、文化消费的精髓，也不能设计出适合时尚需求的服装。

（一）创意思维特征

什么是创意？创意是对常规的突破，是多样优化资源的组合，是针对需求的创造与拓展。人类的创造首先是思想的创造。因为在人类的日常生产和事务过程中，都是按经验和规范执行。执行过程中，通常人们的思维方式是逻辑思维、程序化思维。这种思维方式有利于保障技术规范的准确无误及产品物性目标的顺利达到。这种思

超常识的创意图式

废物再生创意图式

错视效果图式

图1-23 各种创意图式

维方式严谨缜密，不易动摇，是产业执行的重要保障，但这种思维不利于创造、创新，更与创意思维大相径庭。

人类思维活动复杂万象，天差地别。概括起来可以分成两大类或两种方式及趋向：即理性思维和感性思维。理性思维的所属方式有逻辑、概念、推证、分析、因果，其特征是抽象性、概念化显现，条理明确可供判识。它是人类的理智、科学、信仰的坚实基础和基本支撑及运行武器。理性思维的高端运行形式是抽象思辨。它能够脱离事物的具体形式与结构而进行事理关系的推导和辨证，通常表现为被称作"哲学"的学科形式，即纯粹思辨。而感性思维的所属方式是直觉、想象、体悟、灵感，其特征是形象性、情感情绪化显现，条理朦胧而内蕴丰富。

思维的传达是语言，出于理性思维的语言清明而有序。理性思维多运行于科学研究，感性思维多运行于艺术创造。

这两种思维方式在科学研究和艺术创造的运行中又不能截然分开。在科学研究中，尤其需要敏锐的直觉，和大胆的想象与假设，还要具有形象思维的能力。

直觉是创意思维和艺术创造的最重要的方式与能力。

优秀的设计师必须培养、具备、增强自己的直觉能力，才能敏锐地发现和捕捉生活中的审美信息和创造资源，并依靠直觉能力去把握社会变化、时尚风潮、流行趣味。

不管世界怎样变迁，人类精神怎样发展，有一点令人坚信，理性规律和感性方式总是相对立而统一地存在，从而构成精神方式的整体性。对逻辑与直觉、理性与感性的存在方式，不能释之以非此即彼的排中律，而应释之以非此无彼的互构性。

当我们宣称某种认识是感性的，同时我们也可演绎构造出其认识的细微层次，用逻辑语言对其感觉过程做出精确描述。当我们认定某种认识是理性的，同时我们也可以在其深层结构中窥见某种微妙的情感倾向。人类精神的胚胎中，就天然带着动物情感本能的非界定基因和智能生物的严谨秩序编码。

科学方法有感性因素，艺术形态有理性因素。唯物主义不是唯理主义，唯心主义也不全然是反理性。理性主义导致精神活动的机械化，创不出艺术，也创不出真正的科学。非理性主义则是妄自偏执，无视人的生命本质和社会存在性，从而导致精神的绝对自由状态和认识的神秘主义。

（图1-23）

(二)直觉对创意思维、创意设计的重要性

人类精神活动中所谓直觉,是对事物的一种超越的把握和判断。这种"超越"是指不通过逻辑推理、概念分析的途径,而达到对事物实质的领会,这里"判断"一词是在近似意义上借用的哲学术语。

直觉与逻辑判断最明显的区别处在于:后者的判断过程与结果具有详尽明确的规定性,通过归纳、演绎可得到事物毫微的关系和实证,前者却不具备连贯的推导程序、精确的证明结果与详尽的条理规定。

直觉,凭借着心理力量和对判断对象的整体囊括性和感觉的先导能力,在人类精神活动中具有特殊的、不可置否的推动力和重要位置。

如果说逻辑判断是事物抽象关系的分析解释,直觉判断则是通过对事物直观形态(意态)的感悟体验来把握。简言之,逻辑判断是理性判断,直觉判断是感性判断。前者的基础建立在客观世界的严密秩序之上,后者的基础除客观因素外,还有主观意识成分和深层复杂的心理结构。在客观方面,直觉的判断由于没有推导因果和明晰的条理规定,其判断结果只能显现为事物现象本身的某种特性或完善感,反映在主观感受中便是一种无需解释的旨趣或意味。你如果仔细体会你的直觉活动的心理状态,则只是一种针对客观事物的心灵畅通状态和充实感。虽然这种畅通和充实感不能给你具体的解释和途径,但它们恰恰是精神活动、思想创造的真正动力。

创造性的精神活动,需要避免过多的理性属性——规定性、抽象性、机械性等对人的创造本质造成束缚的因素,所以必须借靠心灵的畅通和充实来保持生命的活力与精神的允许,促使理性成为进取的手段,而不是作茧自缚。

理性是人对客观世界的适合、认识和操控能力,感性则是人的生命本能在精神活动中的表现方式。在人的认识活动中,逻辑判断和直觉判断分别体现着二者的本质特性。前者以其精确、严峻,后者以其灵敏、活跃,共同构成人类思想的深刻洞察、准确判断、丰富联想和适合选择。

理性与感性,逻辑与直觉有时径渭分明,有时水乳交融。一般所谓逻辑思维活动中,其实亦渗有直觉的因素,一般所谓直觉活动中,也有着逻辑、实践经验的背景。只是由于人们习惯二者的对立,往往强调各自的特性,甚至走到极端的非理性主义或机械主义。现代西方哲学、美学唯心大师克罗齐认为世界上的知识有两种:"一种是名理的,一种是直觉的。"但克罗齐对艺术的定论"艺术无非直觉",却无视了两种知识的有机互构性而有失偏颇。事实上,任何事物都不会是绝对单纯属性的排列,而是多种属性的有机构造。人对事物的认识判断,也同样具有复杂的有机方式,其间逻辑与直觉相互补充,不可或缺。逻辑判断以其自身特性在名理知识领域起主导作用;同样,直觉判断在创造的知识领域起主导作用。

服装设计师的专业,正是跨越这两种知识领域,既要具备对产业和市场以及服装业规律的理性认识,又需要具备艺术家的创作灵感和对时尚事物的敏锐直觉。(图1-24、图1-25)

图1-24 用面包做成的服装 戈尔基

图1-25 巴黎夏特勒街区:古典建筑与现代装修的融合。

(三)直觉思维的特性

1. 非推理性

前面提到,直觉之所以为超越的判断,是不采取逻辑推导程序而达到对事物本质的领会。逻辑判断总是严格依据概念层次来进行。而直觉判断几乎不需要什么推导时间、过程,往往即刻呈现心理的畅通、充实感,直接领悟到事物的本质。你一定要追索这种领悟的终始端详,便又是以逻辑程序来衡量无推导程序的活动,是不能有所洞明的。这看起来是直觉的神秘性,其是为两种不同性质判断的不同规律所致。直觉活动的心理基础亦涉及非意识领域,所以不被意识自觉。

直觉判断是内心直接观照。这种观照也穿插进行在理性思维、逻辑判断活动中。两个或多重逻辑判断的结果、概念间,往往是通过直接的观照构造起来。这种构造的依据不是因果关系和公理认定,而是通过对各概念实质的观照领悟获得某种存在可能性的信任,在心理充实状态中获得新的启示。所以,直觉以其非推理性在认识活动中,或作为两个逻辑阶段或概念层次间的中间环节。

2. 形象、直观特征

直觉判断的着眼点,不是事物的抽象关系,而是事物形象、直观的状态。判断过程与结果也不表现为意识,而是一种"意象"。

直觉又不同于一般逻辑思维活动初级阶段的感觉。感觉不能从表象中得到判断,必须上升到知觉、联想和各种抽象关系。而直觉中却积淀了理性认识阶段的内容,又由事物表象上升到内心意象,从而洞明深刻的内蕴。

抽象与形象,同样具备表达事物本质的能力。往往有这样的情形:一种高度抽象的科学理论恰是某种直观意象、直观选择的注解,一个简单的物象或事态构造,展示着高深莫测的奥秘玄理。对此现象,用黑格尔的一段话来解释比较合适:"感性意识就是以存在、直接的东西为对象的一种思维。因此,最低的东西同时也就是最高的东西,那完全出现在表现上的启示,其中正包涵着最深刻的东西。"(黑格尔《精神现象学下卷》237页)由于社会发展高度物质化,理性由其功用往往被决然认为是人类进步的唯一标志,从而日渐失去对感性与直觉的信任。

图 1-26 根据傩戏创意的现代服装 梁明玉

榛狉蒙昧的时代,形象思维是人类精神活动的主宰。图腾、崇拜、祭祀、原始宗教、巫术艺术……谈不上什么理性和概念。光、热的概念就在火中。空间、时间的概念就在于天地、日月的更替推移,山岳、江河的巍峨流缓。对自然现象的模仿,对自然规律的认识,初民语言、象形文字、制造工具、劳动过程以及宗族传统、伦理楷模、礼仪象征……这一切,不正是始自并充满着生动直观的形象感知吗?人们对历史经验枯荣兴衰的喟叹,一切痛苦荣耀的追忆、信念的执守、宗教的虔诚,对谬误的追悔、罪愆的惶恐,对道德秩序的渴慕、精神境界的追求、物质财富的刺激、功名实业的召唤……这一切,都借仗形象的闪现而展开。(图 1-26)

随着理性的发展成熟,在认识方式上,概念表达日渐取代形象暗喻。情感活动也由于社会存在日渐渗入理性成分。但随着理性的发达,所谓"感性意识"、"形象思维",特别是我们所说的直觉的形象直观性抛去了原始的庞杂和粗略,不只限于艺术领域,而广泛地表现、活跃于精神的众多领域。

图 1-27　各异的着装状态，精神形貌，可以提供人类总体关系和命运的直觉。

图 1-28　公众环境中的服装：直观的服装形式背后，是多义复杂的文化背景和社会成因。

跟"直觉"这个词一样，"直观"也是一个过载的名词，去其繁芜、究其根本，"直观"无非有两层含义：一是指可视性，即空间形象化，多用于造型艺术批评；二是哲学术语，意指可供内心直接观照的心境形象化。这"直观"不是直觉的基本特征。事实上，直觉判断以其直观特性作用于社会科学和自然科学的研究。政治学中，对各种阵营力量间的平衡、微妙关系的反映、调节，往往依据直观的行为监测。人和社会集团、群体的行为并非都具有明确的意识依据。在现代数学中，要认识某种数学理论体系，必须经历表里两个层次，第一步是由概念、判断之间的外在联系构造起形式逻辑框架，第二步是上升到"思维直观"即由诸概念、判断间的内部关系联合成的有机整体。只有上升到这种"思维直观"，才能对问题实质、研究动向做出深刻洞察、精辟概括与生动描述，将一本"厚"书读"薄"。

心境形象也好、直接观照也好，它的性质属于直觉而不属于逻辑。要辩明精神活动中的直觉与逻辑，只有肯定它们的有机联系，才能摸清它们各自的规律、特性。

案例：爱因斯坦的选择

爱因斯坦的学生问他："两个物理结果，同样正确无误，你选择哪一个？"

爱因斯坦回答："我选择看上去美的那个。"这个回答表明了爱因斯坦的物理观中的审美直觉。

3. 整体牵连性

用概念表达的方式，是难以明确事物的整体关系的。逻辑思维一般恪守由此到彼层层递进的分析路线程序，各局部与个体可以具有独立性和互换性。而在直觉中，事物的完整结构关系全部寄寓在直观形象和意象中，牵一动万、非此无彼。一种直觉，使人感到的是多重性的启示，它使人感到什么因素都有，什么因素都无明晰的踪迹，仅仅如此，作为认识方式的直觉已经完成自己阶段性的使命，它提示、显现了多重性结构的存在。详尽的研究和解释便是逻辑思维的任务了。

所谓"综合分析能力"，在思维直观高度来说就是一种直觉判断力，这种能力愈强，就愈有个性的创见，如果说直觉表现为主观、个性、心理，那么，这种主观、个性越强，就越能洞见事物的完整结构，其判断就越客观。（图1-27）

完形心理学派（格式塔）认为："整体不等于部分的总和，整体先于部分而存在并制约部分的性质和意义"。（维合默）"情绪态度和思维过程等也不是由若干独立的元素所组成，而是决定于作为一个整体的情境"（柯勒），强调事物心理的整体有机性。格式塔学派所依据的认识方式是什么呢？他们宣称依据"直接经验"，主张心理学应该"竭力予直接经验以朴素而又丰富的描写。"追求"纯粹形式的性质和规律"（柯勒），这在很大程度上是对概念、逻辑方式的否定，而强调了形式和直观、内省、直觉的认识作用。

格式塔学说的局限在于把整体性归结为先验的、生理的机能（神经系统）（见杨清《西方现代心理学流派》）有关章节),而忽略了任何心理机制都不可避免地要受制于社会因素、历史条件、实践反馈,即是最深层的心理结构。但完形心理说内省和直觉的认识方式具有一定价值,不可能以简单的"唯心主义"加以否定。事实上,正是由于内省、直觉方式,才构成格式塔学派的科学成分。(图1-28)

4. 阶段性特征

提出直觉的阶段性,也是为了杜绝过载引起的混淆。

在我们的思想活动经验和过程中,直觉到底充当着什么角色?依照前面对其性质特性的描述,直觉起码在以下几个方面显现作用:①对形式的直观感觉;②对事物本质的洞察;③对事物发展趋向的选择。的确,直觉在认识过程中,由于与逻辑思维交替而呈现阶段性,各阶段具有不同的特征和表现方式。

在认识的初级阶段,直觉以直观感受的方式呈现。在深化阶段,它又体现为整体洞察力。在飞跃阶段,它又表现为高度自由的想象力。在数学的"直观思维"中,直觉就是深化阶段。这种判断绝不否认先前阶段的理性成果,而是包含了前一概念层次或逻辑程序的全部内容,从而成为"更高级的直觉"。在这时,逻辑推理和抽象性就被非推理性与形象直观性所替代,后者以它对前者的替补作用体现了人类精神活动的一种完整性。(图1-29)

记录设计师创意之初朦胧而又富有意趣的直觉轨迹。

图1-29 服装设计草图 梁明玉

(四)直觉的背景

我们说科学研究是理性的,仅是顾及其诉诸严密的逻辑结构。

我们判定艺术是感性的,仅是由其性质诉诸非守恒的情感结构。

在认可这些定义时,感性、理性相应照而存在的事实和精神活动整体性并未被详尽虑及。我们在对某一事物作判断时,总是在一个有限的角度上,只不过由此作出的规定性能够被人们的理智和逻辑思维习惯接受罢了。

以精神方式整体性观察理智、情感逻辑和直觉,我们就会发现它们之间有着前章所提到的替补作用。感性活动往往表现了潜在的理性,而理性的事物在一定阶段都以感性形式表现出来。直觉作为感性判断,从这一角度看来也可以说是理性活动的感性显现。感性应是显明的,理性应是潜在的。

在认识活动中,"顿悟"的醒豁欢欣,来自"熟参"的砥砺痛苦,"熟参"就包括了各种理性因素:实践过程、经验教训、逻辑推理……

我们一般所说的感性,只是在正常意识能力之内,也就是能对一定社会环境和实践因素起意识反映的条件下,必须有正常的理性意识,才会产生直觉。新生婴儿的吮吸、抓捏姿态选择是无意识的,谈不上什么"直觉",只是动物生存本能。所以,作为感性认识的直觉,也只是一种主客关系的形象化显现,而不是什么先验、神秘的超认识功能。它的价值就在于它能以自身的特性在认识活动中起特殊的作用,它的背景是不可置否的实践经验。

重要的问题是散在的经验信息,逐步的经验过程,怎样储存在潜意识中?又何以通过直觉整体显现?其间心理机制奥秘正是使直觉神秘化的雾翳。这种心理机制还有待深层心理学去窥其全貌,但有一点是肯定无疑的:它绝不是纯粹动物生理先天赐予,而是相对于生存社会化、客观环境而产生的特殊形态。在感性判断的直觉中,积淀着研究道德实践活动的伦理学内容,研究功利实践活动的经济学内容和研究概念活动规律的逻辑学内容。它们分别从道德规范的惯力、生产力、生产关系所致的物质世界框架,以及人类智能形式的理性基础和前提等诸方面制约着直觉。(图1-30)

图1-30 民族服装和现代服装的混合

(五)直觉在审美意识活动中的表达

1. 审美直觉受制于情感

审美经验的直觉性质是不可置否的事实,真正的艺术欣赏都是借以直觉进行的。与认识直觉不同的是,审美直觉必须受制于情感。创作与欣赏过程都必须贯注情感,所谓"因情成梦、因梦成戏"(汤显祖语)是对这种关系的精辟概括。

克罗齐说艺术是"情感的直觉亦即表现",这种说法的正确成分在于看准了情感对直觉的制约作用和直觉对情感的传达作用。仔细想来,我们惯用的"形象思维"一词也就是形象与情感的直觉。克罗齐的局限在于主观唯心者的通病:否定客观现实、夸大感性、无视理性,将主观情感绝对化。这种偏执在他的直觉说中,起码表现为三个重要方面:①主张直觉产生的意象是情感的对象化,却忽略了所谓"意象"并不都含情感。作为认识方式的直觉也产生"意象";②认为直觉是绝对的主观心灵综合作用,无视人的情感结构中复杂的客观历史、社会潜在因素;③判定艺术=直觉=抒情=表现,这就把审美经验和艺术等同于"自我的展示和纯粹形式感受、形式创造,从而否认审美经验与艺术形式中积淀的社会因素。"(参见朱光潜《西方美学史(下)》),从克罗齐的偏颇中我们可以看到,审美经验和艺术本质殊关重要的问题也就是克罗齐以感性绝对化企图解鉴的问题是:理性的东西怎样化入情感传导出来?概念、逻辑怎样通过直觉得到运载,无限、必然的本质何以在有限、偶然的现象中体现?社会共性怎样在艺术个性身上展现?一句话,这种二重性怎样解释?在审美和艺术活动中,这种理性、感性的高度契合必须通过审美情感的激发、倾泻而体现。审美情感的真挚、细腻、强度、个性决定艺术品的价值与深度。所谓"发乎性情,至乎礼仪"(李贽)。(图1-31)

在我们当前的文艺创作中,为什么会存在大量令人气闷的虚假、做作、平庸?症结就在于对情感、直觉、偶然性、个性的否认和缺乏研究。在艺术创作中,内容的理性原则(真理、伦理)不应是某种既定的戒条和模式即个性、情感来象征,而本来就包蕴在形式的情感、个性之中。情感本来就因个体差异可以多种方式体现真理、伦理。而我们今天的很多人却善于把情感也公式概念化。试把国内一般常见的歌词和台湾校园歌词比较一下,前者的情感形容词明显枯涩、抽象、无味,而后者却不加修饰,真率流露。后者是用直观、自然的形式交由听众的直觉去领悟境界,而这形式没有作者的直觉能力与情感倾注是不可想象的。

图1-31 对5·12汶川地震受难者祭奠的服装创意,衣衫褴褛而充满圣洁肃静,体现了致悲致敬的情感。 梁明玉

案例：冯骥才的小说《高女人与矮丈夫》，平常夫妇俩出门，矮丈夫总是高举着伞为高女人遮雨。高女人死了，矮丈夫打雨伞仍是习惯的高度。这一直观情形传达了什么？一种不可言状与弥补的伤逝，最是执着熨帖的情感寄附，最是深沉隽永的人生哲理，这形象的一笔为任何解释所不及。这就是作家的灵感、角色的非意识、读者的直觉，共同的情感、共同的人性。

2. 直觉在审美经验中的表达

在情感的制约和推动下，认识直觉的三种特性在审美活动中又有着各自的面目和特点，如果用不太精确的公式，大约可表述为：

非推理性情感：情感逻辑。

形象直观性情感：生命意象。

整体牵连性情感：物心同构。

关于情感逻辑，其实以逻辑一词来解释情感活动本来就不恰当。情感活动、心理状态到底有没有形成、发展的规律可循？到底怎样解释审美的非推理现象，这是很复杂的问题，但笔者相信通过心理分析和哲理思辨是能够得到解决的。所谓情感逻辑，应该是一套建立在深层心理学基础之上，浸润着社会、理性滋养的演绎体系，是完全可以分析的。

在审美欣赏和艺术实践中，我们胸膛中总是奔流着情感的热血，保持着一种"不涉理路不落言筌"的超脱。与理性的严谨、冷峻大相径庭，并表现出意识明显的不自觉。

画色彩的行家总是掉以轻心地以视野残余、意识边缘从自己的调色板上起用颜料，一旦拘于色相名称、色性关系、或过于忠实物象则激情顿失、生命呆滞。

在诗歌中，不大顾忌规格、语法的诗句往往最具有灵魂，最有震撼力，最打动人心。

小说写到精彩时，便"不知有所谓语言文字。"(清叶昼) 是说文学的境界已超越了文字语言的形式规范。

艺术的真髓存在于形式所传达出的旨趣。其如水月镜花般的扑朔迷离的心理状态，是情感与物态高度的融合、升华。严格说来，审美情感不是所谓"喜怒哀乐，人之常情"，这种常情受环境条件刺激，表现得较单纯，而审美情感都不是单纯的，可以言明的某一种，而是多重的组合，所以严羽谓之"味在酸咸之外。"有谁在凄凉的曲调中获取纯粹的悲哀？不过由于联想作用唤起了程度不同的朦胧伤感意态。所以审美情感的逻辑不是简单的条件反射过程，审美情感的激发具有一定的主观任意性。在人的艺术欣赏活动中，常有反心理现象，在欢欣的形式氛围中，反可勾出莫名的愁绪，日暮乡关，穷途末路未必就不能唤起豪情壮志。这种逆环境的反心理现象，可以证明审美情感并非能全由因果关系解释。当然，也不是无踪可循、神秘莫测，审美过程中多重心理也是可以详尽地分析的。就拿这种反心理现象来说，人的情绪储存着特殊的排列结构。相对的因素往往处于连带的位置，所以一种物境可以激发相反的情绪。而这种激发原因不是逻辑混乱和排列错误，而是人的情感具有主动表现的欲望、本能，受到连带的刺激就会逆发。(图1-32)

图1-32 东京街头青少年服装：反叛价值、流行文化和消费现实以及表现自我的欲望，产生这些年轻一代特异的装束。 梁明玉

审美经验是复杂的心理机制和客观事实的综合反映。它的抒情和直觉为其主要特征,又带着理智、逻辑、实践、社会的潜在因素。对情感逻辑的认识正应探究心理、意识的深层微观。

我们仔细体味人类精神形态,会有这样的感觉:其感性一端,它的自身富于一种时间的无限趋进性。其形态是永恒不断的延续、探求状态,往往不受经验、常识的羁绊和束缚,因而常表现为突如其来的偶然性。

而理性一端,富于一种空间的有限秩序性,其形态是阶段性与解析性的迂回状态,常表现为因果和必然性。

感性不可遏止的进取探求与理性的经验秩序形成了各式各样的相对范畴,在哲学、科学、艺术领域中表现为一种二重性,但又常常体现在浑然的有机体中:直觉能力与分析能力、无目的性与符目的性、情感的专注和理智的完善,高瞻远瞩的历史感与阶段性的局限,变异性与恒常性,一往无前的纵向先导能力和无所不至的横向扫描能力……

事实上,正是这些相对范畴的相对立而统一的作用,推动思想进化、历史发展,使人类智慧日趋灵动、深髓。这些相对面并不否认彼此的本质特征,在各种形态中以其本质作为主导特征和存在方式,但又受着对方制约,并与对方互构。

逻辑理性与审美直觉在各自的领域中活动,相互直接的替代必然削弱对方的本质力量,使其黯然失色。情感的介入有失精神习惯中理智的公正和威仪,"情感不能替代理智"、"真实就是符合逻辑",已成了人们共同信守的准则。理念的直接干涉却使艺术失去生命,因而情感的逻辑表现为一种一往无前、无所顾忌的专注、偏执和任意。不守概念、逻辑的束缚,所谓"不涉理路,不落言筌"。(严羽)

另一方面,感性与理性、直觉与逻辑的统一、互构在客观社会、历史条件下,以积淀的、浸透的、潜移的方式进行,所以往往不被意识所自觉。

在审美过程、创作过程中,理性因素只是在深层结构中体现,从而使艺术品产生各个不同的精神高度,但又始终是以感性方式呈现。我们强调艺术的感性特征,不是否认理性,而恰恰是证明理性的重要作用。我们要否定的是:不遵照直觉、感性规律,硬以理念、理式的井然秩序来否定情感的自由性。

清代学者叶燮对艺术创作中直觉和理性、审美态度与概念逻辑有着极好的见解:"恍惚以为情、幽渺以为理",想象都是直觉属性,以不介意而介意,以通感达至理。

作为精神创造,艺术必然要保持感性并无限探求特性,既借以物质传达和技能技巧,又要超脱于它们。事实上,不寄附于具体形式的艺术精神、脱离真实时空的审美经验是不复存在的。没有理性背景的直觉也是不存在的。法国哲学家柏格森把物质存在、秩序描述为超时间——"绵延"的躯壳和假象,认为艺术真正的追求,只在神秘的生命冲动与内心趋向,这些超脱的构想总是使人难以信服。

关于生命意象:艺术、审美活动是符目的和无目的的统一。

在其超越功利的方面体现出一种无目的性,而究其根源,又与人的社会实践、功用意图有着潜在的联系,因而显出其符目的性。如果我们把功利和意图的目的性理解为直接保障,作用于人类生命的延续和生存方式的改善,那么,艺术审美的所谓"无目的性"则旨在表现与停留在这种生命延续、生存方式本身。所以,不体现生命活动就无所谓艺术。艺术审美活动就借于生命节奏、冲程展开。有作为的艺术家以其形式把握生命力,他的作品也就永不衰朽。

在对情感逻辑的分析中,我们知道情感是个体感受和社会客观的中介。情感同时也是生命活动的心理脉搏,审美情感传递生命的信息、揭示生命的意义,生命的价值也在于具有情感结构。情感也作为个体生命与社会机体的中介,社会内容反映在个体、集体的情感状态中。因而,孕育情感,是我们使自己的生命获得社会性价值的重要环节。

艺术、审美展示生命冲动力与内心趋向,但绝非柏格森那样神秘与绝对。精神生命的价值评定并不否认物质生命的存在基础,也绝不可能超乎社会生存条件。但有一点可以肯定,审美意义上的生命,不是物质世界新陈代谢和生理机制的存在活动,而是升华到精神境界的运动方式。它的存在、运动方式不受物质生命规律指使,甚而有所对立和否定,只有在这种高度上才能真正理解审美直觉显现生命的功能。

承认审美意义上的生命主体性,并不等于就否定物质第一性。只是要建立精神活动中审美意识的特殊规定。主体自由对于艺术生命至关重要。19世纪末至20世纪初的生命哲学诸家和新康德派李凯尔特强调艺术审美的主体作用和自觉显现生命的功能，主张客体是意识内涵的象征。(参见《世界美术》1984.3)在哲学认识，是把主体功能绝对化，颠倒主客关系、否认现实价值，但受其影响的德国表现派艺术却充满生命、律动、振奋，在审美、艺术规律上是有说服力的。

我们已知道了认识直觉的第二种特性即直观形象性。这种特性在审美直觉中就在于把生命活力、意义赋予审美对象，生命冲动和情感的错综是以语言解释不了的。全部含蕴在客体形象，靠人去领会、把握。直觉、情感、生命三位一体，密不可分，你对情感的把握越多，你的直觉能力越强，生命就体现得越充沛。

审美直觉的形象直观性通过显示生命运动体现事物规律和精神实体。使事物的直观形态中包蕴着深刻的理性内容，清代学者章学诚《文史通义》中说，"万事万物，当其自静而动，形迹未彰而象见矣，故道不可见，人求道而恍若有见者，皆其象也。"这就是对直觉的形象性准确的描述。"恍若有见"是意象的朦胧状态，"象"是物质客体在形象思维过程中的反映，这是对"疲乏"即事物规律理性本质的感性把握。

我们的审美直觉去体验客体自然中的生命现象。这种生命体现在客体时间属性的节奏、交替、空间性的存在方式，物竞天择的繁衍现象、人类精神、情感方式与变化、人与自然的相互关系……这些现象不是以理式出现在我们的直觉面前，而是以"结构"展现着相互关系和生命力量的结构。这就引出了直觉特性在审美经验中的第三个特点。

3. 物心同构

我们之所以说审美需求是人的本能，也是因为现代心理学家通过无数实验证明了人的心理结构跟自然和艺术中的审美对象有着相吻合的结构和属性，人心中的某种微妙结构恰好与自然和艺术中的物性结构相吻合，一经投注便产生特殊的审美效应。比如，正方形、矩形的形状，跟人心里的平衡稳定相投和，正三角使人产生稳定感，倒三角则相反。放射的形状使人感到惊恐不安和侵略性；圆润的形象就使人感到满足、周到；暮云低垂，使人感到危机将至；风花雪月，对应人的浪漫心情；雪峰高岭，使人感到崇高敬畏，小桥流水使人感到心情的闲适，所有这些，都是一种物心同构。被艺术家和设计师们充分利用和调集，以表现他们神奇的创意。

(六)什么是创意思维

在明确了直觉思维的特性与功能，就知道，认识直觉在科学、工程与人文科学中的重要作用，它使人的思想状态充满活力和开放性。保持思想的敏锐和开拓，而审美直觉与灵感是艺术创造的思维之源和根本方法。直觉是创造力、创意思维的保障。无论是从事科学还是艺术，都需要保持和训练直觉、灵感，增强自身的创意思维。对于跨越艺术与科学，兼顾设计与工程的服装设计师而言，如何培养创意思维呢？这就非常有必要认识创意思维的性质、特征和表达方式。创意具有鲜活的生命，丰富的内涵，超越的想象和充沛的情感，仿佛博大精深，漫无边际，其实创意思维有着自己的规律。认识这些规律，对创意思维的培养颇为重要。

1. 逆向思维

逆向思维方式和习惯是创意思维的最根本特征和保障。什么是逆向思维？简单说来就是相对常识常规反着想。在前章里，我们已经明确在人的思维活动受常识惯性支配，经验与规范保障着事业的成功完善，但也由于规范性形成套路陈规，反而成了新思维新事物的障碍。这个现象是人类的普遍现象。在人类社会，一方面要借靠规范经验常识以保障社会运转维持供需平衡和心物平衡，但只靠上述因素的维持，没有创新目标和理想境界，这个世界便会枯竭没有生气，逐渐腐败落后。所以社会需要改革而常新，思想需要创意而先进，产业需要升级而生存，艺术需要创新而具意趣，生活需要时尚而感新鲜。而这一切的突破和创新，都需要有逆常规而思。按常规，在人类的经验中，所有的事物都是按类型、功能、属性、特征而划分和应用的。这就形成了既定的规范和经验，这些经验经实践证明有效，所以人们一般不会放弃，因而就产生了固守和循规蹈矩。创意的活动往往就要颠覆这些类型、功能、属性、特征，能从否定和反向去思考。也许，这种颠覆和否定产生的结果，没有直接功用，也不会增加直接的经济效益，但是这些结果提示给人类思想可能开拓、发展、前进的空间。同时使世界和生活产生趣味，这种趣味往往是我们人类生存的意义。

同学们都知道毕加索是20世纪最伟大的造型艺术家,他分析的立体主义是怎么回事呢?可以说是逆向思维的结果。在客观世界的视觉常识中,人们是依据透视法则来观察物体的。比如一个六方体,人眼最多只能看到物体的三个面,物体在视平线以上我们看到底端,物体在视平线以下我们看到顶端。如果这个六方体内装个人

图1-33 毕加索的分析立体主义作品表现出典型的逆向思维方式

头像,我们只能看到正面的眼睛鼻子嘴和单侧面的耳朵,还有顶部的头发,所有的人都是这样观察,但毕加索却不是。毕加索是逆反的想法,人眼为什么只能看到三个面?为什么不能看到六个面?于是他把六个面上的器官都画在一个画面上,这就是我们看他画的人像眼和双耳都能看见的道理。这就是分析的立体主义的主观视觉依据。世上只有一个毕加索,天才的逆向思维成就了他。(图1-33)

各类艺术和服装设计中逆向思维的案例不胜枚举。法国有个电影叫《霓裳风暴》,其中观众以为某设计师会推出复杂多彩的设计,结果模特儿出场一丝不挂,轰动全场。这个电影虽然很极端,但却提示了,设计师完全可以朝与共识惯性相反的方向去创造。电影中这个设计师就走到反向的极限,即对所有有形服装形态的否定。同样的艺术案例还有音乐家约翰·凯奇的《四分钟三十三秒的休止符》,音乐家对着钢琴抬起手却不弹奏,四分钟三十三秒后谢幕下台。他的逆向思维就是走向有声音乐的对极,即没有声音的音乐。

> 案例:梁明玉的服装设计作品《蓝色西部》系列中,有一件服装两只袖子连成了一个通管,在常规设计中,袖子都是分属左右手,而且都是便于手露出来。但她的设计完全消解了手需从袖子中伸出的惯性,也否定了袖子分属左右手的常规定义。梁明玉的逆向思维,是为达到作品表现的独到原创性,宗教精神和形式意趣,在形式语言上自然表现出对常规的逆向思维轨迹。

服装流行和时尚潮流中,逆向思维也是重要的推动因素。比如反季服装概念,反流行设计概念。大众艺术中的所谓"反叛"、"另类"因素,其观念与生成中也都包含着逆向思维的成因。

2. 跨界思维

跨界思维是将不同的事物、领域连接综合起来,也可以称为全局性思维。不同性质的事物领域在常识中往往是水火不容的。中国的社会变革,很大程度上取决于改革开放的总设计师邓小平的跨界思维,一国两制在常识中几乎是天方夜谭,在改革开放以前信奉"宁要社会主义草,不要资本主义苗"。跨越资本主义社会主义之争,

需要超越的智慧和卓越的胆识。

20世纪最伟大的心理学学派格式塔心理学提出了事物的"异质同构"学说。在此之前，人们判别事物，建构事物关系，总是依照类型与性质。所谓"性相近，习相远"，"物以类聚，人以群分"，随着社会和事物发展。事理关系日渐复杂。以维塔默为首的学者们在事物结构中发现了"场"的概念。相应的条件形成场，不同性质的事物可以在场的条件下聚集包容，形成相互支撑相互控制的全新结构。正是跨界思维，整体性思维发现了"异质同构"的事物结构原理，这种思维方式和建构理论，对于人类今日错综复杂的国际社会关系，国内社会结构，经济体制，文化艺术性质现象，都具有深刻洞察与现实效应。

尤其是在当代艺术创造领域，异质同构的全新观念，跨界思维的全新意识敞开了艺术家的创造心灵，现代艺术，当代艺术的创意、创造可以说是精彩纷呈、天花乱坠、无奇不有。现代艺术与现代科学同样体现了人类无穷无尽的创造力和想象力。（图1-34、图1-35）

在服装设计领域，创意的跨界思维使设计师打破传统的惯性和规诫。打破各种界别形态，形成全新的视觉世界。譬如打破内衣和外衣的区别，男装和女装的规定，季节的规定，面料配搭的规定，使当代服装设计精彩纷呈，蔚为大观。这正是跨界思维引发的视觉革命、设计革命和时尚革命。

图1-34　艺术家罗子丹的作品《一半白领、一半农民》，是使一个模特儿以人体中心线为界，一半穿民工的服装，一半穿白领的服装。民工和白领是完全不同质的两种阶层。艺术家用这种装束使模特儿赋予群体概念，即一个人际人性的"场"概念。在这种特殊的载体之上，民工和白领获取了社会意义的同体性。观众可从中得到阶层共生的命运体验。

图1-35　设计师梁明玉为实验话剧《八大山人》设计的演出服装。剧中角色是几位横跨古今中外的多面叙事者，服装如何体现这种人物的文化多样性呢？设计师用一半传统的中式领一半现代西装驳头领，巧妙地表现了这种内涵和意趣。

3. 针对性思维

针对性思维指确定了创意的目的和方向之后,遵循即定目的意向而进行的思维活动与思维方式。通常是围绕针对一种欲达到的目标性意象而调集逆向思维、跨界思维、超越思维,以完善和丰富这个目标意象。在艺术创造和设计过程中,针对性思维表现为:为了塑造特定意象,竭尽各种想象,语不惊人誓不休。

> 案例:1991年,台湾作家三毛去世。三毛作品中,对自由爱情和美好事物的追求,深得青年拥戴,使很多年轻人怀念她。中国设计师梁明玉由兹设计了三毛系列的女夏装系列,款式轻松有浪迹天涯的随意。在裙和衫上绣了三毛散文的意象图案和怀念三毛的寄语,立刻畅销,供不应求。这种创意思路就是针对性思维。其针对的对象往往是民众生活中的真实情感和切实需求。

日本设计师三宅一生以建筑的视角发现了服装面料折叠所形成的独特空间样式和美感。三宅针对这一主体意象,展开了多姿多彩神奇浪漫的想象创造,极大地丰富了折叠面料服装这一主体形态。这都是设计师创意过程中的针对性思维。

服装设计的针对性是非常强的,服装的畅销流行取决于制造需求与引导消费。需求与消费都是有针对性的,设计师把握需求与消费的针对性能力,具备的针对性思维,决定设计在市场上的成功。

4. 超越思维

超越思维是指对现实事物、具体事物的超越,现实事物往往是有规定性含义的。人们对现实事物的认识也是限于既定经验,超越思维对现实具体事物赋予更多更深更高或另外的涵义。借使现实具体事物提升了精神境界。超越性思维在哲学、科学、艺术、宗教领域都起着重要作用。超越性思维洞察人类精神的博杂与局限,提升人类精神境界和思想视野,启迪推动人类进行更高价值更深层面的创造。人类历史上的精神导师即历代圣贤,无不以他们独特的超越思维能力引导历史,赐福人类。释迦牟尼、耶稣、穆罕默德、孔子、柏拉图、康德、牛顿、爱因斯坦,他们点燃超越之光,使人类不至沉醉现实,开拓前进。

这种思维表现为对艺术质材和形式赋予新锐独到的观念,使艺术作品对人类产生意义价值。

谷文达的装置作品《联合国》,是在世界各地收集不同肤色、发质、人种的头发,然后用明胶粘贴成各国的国旗。在这个作品中,人的头发具有了超越的涵义,人发的基因信息最丰富,经年不朽,科学家可在人发中提取DNA。在这个作品中,人的价值,国旗的象征性,联合的意义超越了人发的普通意义,从而获取了超越而丰富的人性境界。

> 案例:台湾艺术家谢德庆的作品《打卡》,就是规定自己在365天之中每隔一时在孔式打卡机上打一次卡,考勤卡上就有了一个孔,365天过去,8760个孔一个不少。这有什么意义呢?这意味着这位艺术家一年之中不能有超过1小时的休息时间,也不能超出一小时能往返于打卡机的行动半径。这简直就是一种酷刑。这个作品表达了人的毅力能忍受的极限,这个作品远远超越打卡形式,也超越了人的极限能力,而达到一种人的精神境界可以超越一切磨难的,苦行僧般的纯粹境界。

艺术审美中的超越思维是非功利性的,往往不受生活与现实经验的限制与束缚。它会使人从现实的处境中领会超远的境界,从而释放情绪与丰富心灵,使人感悟人生的意义和事理的无尽。在中国传统美学中,老子、庄子的超越思维最为深远博大。老子哲学把虚无作为世界的本源本质,以此认识世界万物。相对世界本质的虚空,一切物有都是有限和相对的。这种看似消极的态度其实提供了人对物有的认识,能从现实中超越的精神空间。无为而无不为,是从更深层的事物本质去把握物有现象。老子美学将超越的精神空间当做一切审美艺术创造的终极背景。在审美价值上以自然、宇宙神性为标准,在审美认识上以变易性和相对论为基础。庄子的哲学与美学更富于浪漫理想的形象思维，充满对现实世界现象与经验的超越。老子和庄子的思想成为中国艺术审美的思维基础和创造法则。老子的一些理论比如知白识黑，虚实相生，成为中国艺术积极的创造性思维和创作手段。庄子的大音稀声，大象无形不是否定声音和形象，而是指声音和形象的最高级形式是超越声形的限定而达天人合一的无限境界。这些美学思想和艺术法则是我们宝贵的精神遗产，在现代艺术创作和现代服装设计中可以变作巨大的创造力。

(七) 多元结构与文化艺术修养

服装设计专业虽然是艺术类专业，但其学科特点又具有许多理工性质。就服装的本质而言，她是人的心灵的外化，关涉人文知识架构，所以服装设计师是一种复合型的人才。他（她）在创意的时候是个艺术家，而他（她）在制作的时候，是一个工程师，而他（她）用艺术和工艺表达的是人文的精神。所以我们强调服装设计师区别于工程技术人员和纯粹艺术家，他（她）自身的素质具有多元的结构特点，而他（她）要用服装承载更多的含义。获取民众的接受，则必须具备尽可能充足的文化艺术修养。

服装设计师如何使自己的上述修养，除去专业知识的学习以外，更重要的功夫是在专业之外，课堂之外。在本书前面的章节中我们了解到服装设计处处关涉人，对人性的关注、对人的生活状态和文化处境的关注，甚至于对人的个性和情感、语言行为方式的关注，这都是服装设计师的分内之事。关于人的知识越多，设计师在进行创意的时候，就更能够靠近服装的本质。

关于人的知识是巨大的学问，服装设计师在专业之外，应该有时间去了解和阅读历史人文知识、文学著作，对一些在人类文明史上有重大作用的艺术家哲学家，起码有最基本的了解。对人类文明进程有什么重大的阶段应该有所了解，对当今世界发生的重大事件应该有所关注，对决定百姓生活社会发展的重大问题应该了解。如果只是埋头设计，也许你能够有所创意，但却没有更深广的发展空间和精神趣味。

设计师还应该关注与自己艺术相关的各种艺术信息、文化信息，使自己始终处在时尚和新艺术的前沿，保持自己的创意激情。

(八) 设计的规范与突破

在本章前面部分我们已经明确了服装设计是一个现代社会生产的概念。设计是一种生产力。面对社会的需求，设计无所不在。按照一般的设计学学科分类，设计包括平面设计、装帧设计、海报设计、网页设计，囊括了很多行业，包括制造业如大到航天航空，小到家用工业品设计，还有日用品设计，美容美发设计、包装设计、家用纺织品设计、家具设计、小型器皿设计；环境设计又包括室内和室外设计、园林设计；除此之外还有一些新的设计学科随着社会应运而生，如丝织品、首饰、珠宝等。伴随着社会机构和需求产生的 CI、VI 设计等，在我国通常称之为综合设计类型。服装设计跟上述所有设计一样，是同属于社会生产的大设计概念。服装设计是为了满足人类日益增长的时尚需求和服装文化的需求。

由于这种社会生产的大设计型概念和生产方式，今天的设计也从过去单纯的劳动逐渐走向团队工作，一个项目的设计或一个产品的设计，往往是由一个团队来完成的，因而设计本身成为了一种工程。那么设计本身需要也产生了管理，首席设计师是设计群体的领导，实际上是设计师管理者，他需要协调设计班子各部门的工作，包括设计成本的管理，在设计中社会因素的协调，设计师人员素质的调配等。

所有的这些设计，除了设计行业所形成的规范性和信息资讯以外，其设计的核心实际上就是创意。我们说的资讯和规律这是常规。专业常规是很好的事物，可以提升社会需求的普遍水平和审美层次，但是常规也是很局限的，容易形成套路，产生设计的平庸。所以优秀的设计核心就是创意，创造出的意象不等同于常规。无论是书籍、海报、包装、网页都能够打动人脱颖而出。这些是具有创意的，而不是一个点子。这种点子是一种思想，有表现事物的内涵。工业造型设计的创意设计比较抽象,但是他里面也有文化内涵。比如说:后工业感很强的设计,他总是把后工业时代的特征概括提取出来,通过独特的形式产生了强烈的时代感受。比如说汽车设计,最近克莱斯勒公司推出两款汽车,一款是仿生型的,仿的是海洋中的鲨鱼,另一款是怀旧型的,仿的是三十年代工业时代的风格,这些设计实际都是有文化倾向的。在这些设计背后,使人感到特殊的文化诉求。

在社会综合今天的设计由于有社会需求的规定性,所以说设计是在规定下的艺术,而不是等同于自由的艺术。比如设计书籍装帧,必须要考虑书的开本、印刷成本、销售价格、阅读习惯的规范;我们在设计包装,就要考虑产品的形态、运输的规范、还有人们的消费习惯等;在室内设计中,规范就更多了,如平方米的价格、大小户型、通高、装修材料、水电气风、消防,还有整体造价等,在装修的风格上也有规范,如风格的规范是欧式,还是中式还是现代风格等等,还要考虑在装修过程中形成的市场规范;我们在设计工业产品的时候,要考虑标准化的规范、工艺、互配性规范,因此工业产品不能够按照自由创意,必须要符合各种规范;我们设计平面广告,首先要考虑的就是规范,如报纸的报媒尺寸、电视广告的播出时间、播音广告的语言规律、户外媒体的空间样式等,这些都是设计师们首先要考虑的。

服装设计同样是有规范性的。社会性的需求和社会性的生产决定了服装生产的标准化和市场销售的规定性。比如,服装型号是有标准的,有国家标准和地区性标准。有纺织品纤维检查标准、有各种各样的质量标准用作非关税壁垒。面料的要求、技术的规范,服装接受与选择的标准,所有的这些都是服装设计的规范性。在服装生产和销售中,必须遵照和执行这些规范。服装设计的创意不能违背这些标准。天马行空、独往独来、个性不羁的设计往往会在市场中输得落花流水。但是创意的意义就是要拓新,其跟规范的意义是相反的,这就跟设计师造成了一种深刻的矛盾和悖论。既要符合规范,又要创意出新。解决这对矛盾是需要从超越这对矛盾的高度来认识的。

所以,规范与创新可以从两方面来认识:

第一,服装设计本身就是规范性艺术,他是符合社会需求规范、产业规范和市场规范的创造性事物。服装创意应该在这种规范的基础和前置性规定下进行;

第二,服装创意明确这种规定性,而用创意对这些规定性不断进行突破,甚至消解或改变这种规定性。

以上两种情况都是服装创意设计的现实。就看设计师怎么来认识、定位,来进行自己的服装设计创意。

思考题

1. 现代设计概念和传统的工艺美术制作概念有何不同?
2. 简述服装设计和现代产业的关系。
3. 简述服装设计和消费的关系。
4. 服装设计对于服装企业有何重要性。
5. 怎样理解服装的市场与服装设计的关系?
6. 服装设计如何针对批发与零售市场?
7. 品牌培育对于服装业的重要性。
8. 如何理解服装的审美性和功能性?
9. 创意思维对服装设计的作用和意义。

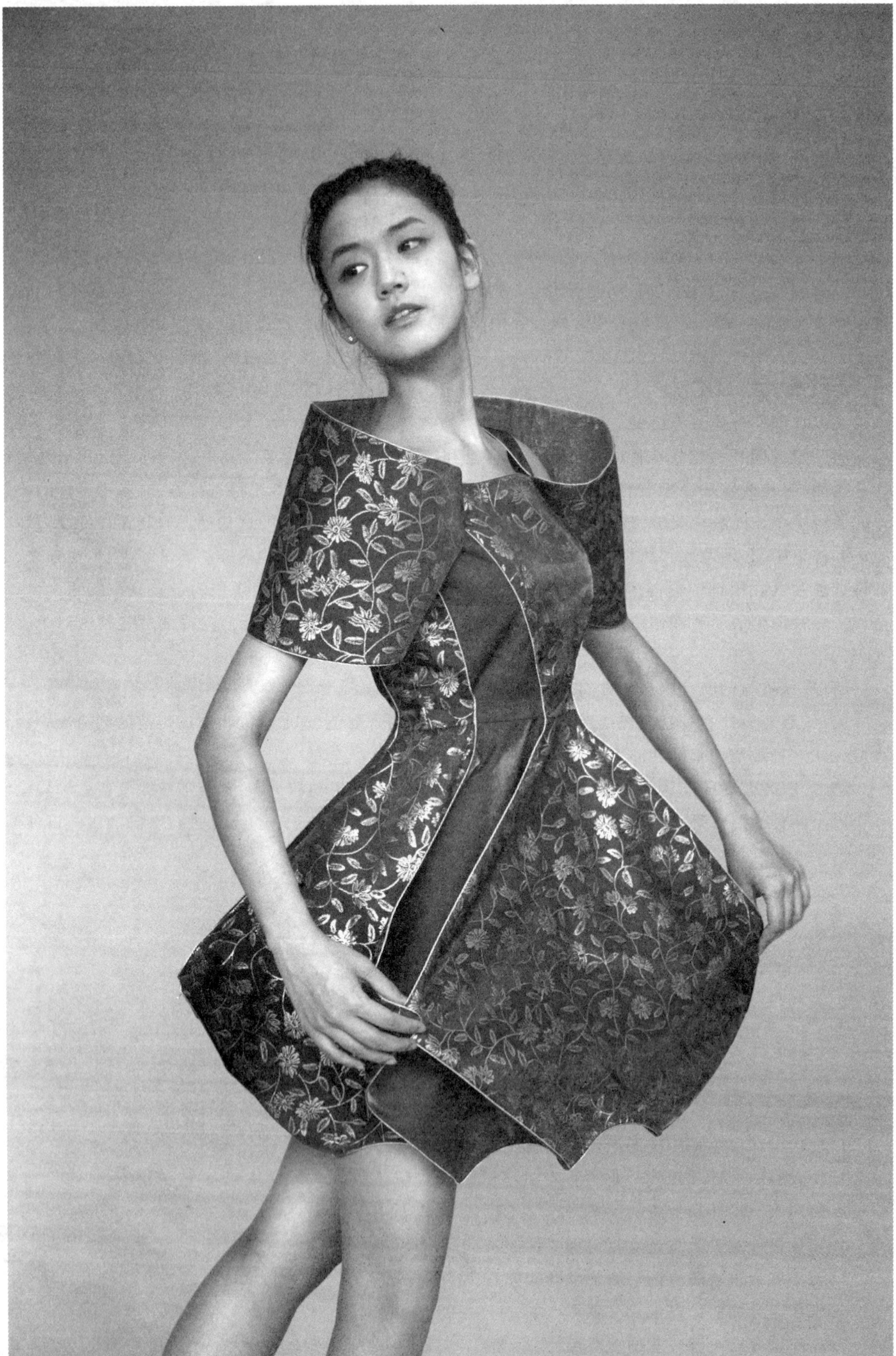

高等院校服装专业教程
创意服装设计学

第二章 服装创意设计的教育过程和重点环节

一 造型基本功

造型基本功是创意设计的基础。有规矩才有方圆,有艺术规范才有创意。有根须才有枝叶繁花。庄子寓言中庖丁解牛、游刃有余的故事,是说技术的娴熟产生审美的愉悦;反过来认识,审美愉悦的产生,艺术对象的完成,要靠扎实的造型基本功。孔子说人生七十岁随心所欲而不逾矩,是说阅尽了人生的故事而处变不惊,熟透了人生的规律并善于创造而不违背规诫。这是人生的最高境界,也是艺术创作的最高境界。

(一)素描

素描是一切造型艺术的基础,它的定义是在二维平面(纸面或布面及其他平面载体)上,按照透视法则,用单色绘画工具(铅笔,木炭,毛笔,水墨)虚拟塑造三维物象、形体,素描的对象可以是一切可视物体和人物。对人的描绘一般分作头像,半身像,全身像。

素描的特征有两大方面:一是结构和形体;二是光影和明暗。

素描课程因专业的需求不同,而具有不同的取向,绘画专业强调素描的光影、色阶、表现力;中国画专业强调素描的线型结构表现力;版画和雕塑专业强调的是素描的力度和塑造性;设计专业则强调素描的结构表现性;服装设计专业对素描课程的要求是注重结构性塑造,同时也提倡在结构准确的基础上,训练光影和质感的表现。因为服装造型的训练主要是掌握人体结构的知识和提高形体塑造的能力,同时也应对服装的柔性美感具有感悟力和表现性。

服装专业的素描训练主要应该强调形状的准确和结构的准确,在短暂的素描课程中,应该有倾向性,注意不要把有限的课时花费在对光影质感的细腻表现之上。通过素描训练,是要解决对人体物体的立体认识,同时注重人体、物体的结构表现性。(图 2-1)

素描在作为一切造型基础的同时,也具有独立的审美效应和独特表现性,即可以作为独幅的艺术作品来欣赏。服装专业的学生应该始终坚持画素描。在有限的课程结束以后,在服装设计的实践中,抽时间画些素描。一方面可以增强对物体的立体认识,提高动手塑造能力;另一方面,可以继续保持灵感,使自己的设计思路不至于落入纯粹的工艺。

(二)色彩

色彩是造型艺术重要的基础课程,对色彩的把握是服装设计师的基本素质和创意能力。缤纷的色彩是服装的鲜活的能力,色彩是诉诸于感性的,传达人的情绪,表现生命与激情。在认识了色彩的基本知识后,最重要的学习方法就是保持对色彩的直觉感受,始终保持新鲜感和兴奋感,色彩的把握取决于主观与激情,设计师在运用色彩之时,也是根据情绪和情感的。

服装设计的色彩创意不能过分依据客观,而是要关注激情和主观意识。有时色彩决定着你的创作主体,这往往诉诸于色彩心理学和创意的情绪和目的,在设计中,设计师往往按照色彩的调性将服装设计成系列。比如:蓝色系列、红色系列、白色系列。对于服装设计师色彩运用最关键的是把握调性,也就是色彩的倾向性和色彩群组。一般来说是相似的颜色的组合,但也包含

人物速写 梁明玉

注重表现服装的人物素描 梁明玉

图 2-1

少量极富对比性的颜色。色彩的组合是有韵律的,也是有表意功能的。不同的色调可以传导不同的情绪和意境,不同的色调也可以传达不同的文化习俗和心理。比如同样是婚礼的服装,中国的婚礼服就可以用喜庆热烈的红色系,而西方的婚纱就喜用白色调来表达婚礼的圣洁。色调也可以表现自然秩序和自然景观,这种色调的运用其实是依照设计师的主观情绪对自然景色的认识。比如春天的服装,设计师可以按照大自然中万物复苏的绿色调,也可以按照春天的心境运用其他的色调。再比如夏天,设计师可以按照气候环境,采用清凉高雅的色调,以使服装达到避暑凉爽的效果,也可以按照自己的对炎热气候的感受,采用红色热烈的色系来表现夏天的激情。所以对色调的控制和表现,不仅要熟悉色彩的自然属性,更主要的还是要借靠设计师主体的创意。

(三)人体速写

人体速写是造型艺术的必修课,因为艺术主要是表现人的。艺术家必须对人体的肢体、结构和运动规律充分把握。速写的概念是指在较短的时间内把握住人体的动态、静态形象。在画速写的时候,必须理解人体结构在透视状态下所呈现的变化差异。

对于服装专业的学生来说,掌握人体的运动规律具有特殊的意义。因为人的肢体就是服装的载体。因为服装都是穿在人身上的,服装绝不只是停留在设计图上,优秀的设计师要表现人体的灵动和人体的风韵气质,设计师在构思服装样式的时候,胸中就应该有成衣和人体的融合形象,所有这些都要求设计师练好人体速写的基本功。

初学人体速写的学生,总会被人物身上的衣着遮蔽了对人体结构和透视中的肢体行为的认识。要解决这个问题,必须通过认识人体结构肢体行为的透视关系,作画者的眼睛应该像X光机一样,透过外在的表象随时捕捉到内在的结构。

人体速写是服装效果图的基础,每一个服装设计师都应该掌握对人体静态和动态的速写能力,并能够通过塑造人体的最佳形态展示自己的服装效果。

对于服装效果图的人体速写而言,首先是对人体基本形态的把握。不管人物怎样行动,都要保持人体重心,在垂直重心的基础之上,把握头部、胸部、腰部、大腿、膝盖、小腿、踝骨、脚各个部位之间的运动协调关系。作画者应随时盯住肩宽、腰际、臀宽、膝盖部位,这些水平和宽度的行动变化,并注重在透视当中的视觉缩窄之间的关系。对于人体运动有几个基本的要领:头与胸的连接处即颈部、各个运动关节,最重要的运动枢纽在腰部和臀部,腰部决定上半身的扭动;其次,胯部决定下肢的扭动,肩颈部决定头部的扭动,上肢和下肢的各关节决定手脚的运动。

理解了这些结构和运动的枢纽和关节,便可以充分表现人体的运动,但还需知道这些运动是在透视的规定下进行的,随时会出现视觉的变化。最大的诀窍就在于多画多练。一个称职的设计师对人体速写的表现是伴随其一生的,每天都要用。(图2-2)

图2-2 人体速写是服装设计师的基本功 梁明玉

(四)服装效果图

服装效果图是每一位设计师必备的造型手段。设计师通过平面效果图将自己的服装创意、服装结构、基本风格、表现效果以及其他目的基本表达出来。

在服装设计史上,也有一些设计师不会画效果图,他们把自己的服装创意交由专业的绘图人士来表达。今天的服装设计已经形成系统的高等教育专业,所有的学生必须经过服装效果图的课程教育。在服装设计的应用过程中,虽然大部分的设计人员已经采用电脑辅助设计的手段,但是服装创意的精髓和灵魂还是必须通过手绘的服装效果图方能达到原创的理想效果。所以,在服装高等教育课程中,服装效果图是专业的核心课程之一。

服装设计效果图大致可以分为两类性质:其一,传导设计意图、产品形态的工程蓝图性质,提供给制版人员服装形态的基本依据;其二,表现设计师的创意思想、艺术风格和服装形态,具有独立审美意义、价值,具有设计意味的绘画作品。前者以传导设计意图指导服装制作为主旨,后者以表现服装创意、意味、风格、境界为主旨。也可以二者兼顾。

通常学生们接触服装设计图会从各种服装大师们和服装绘画教科书,时尚杂志上的服装画等去认识和吸收。这样有益处,也有害处。益处在于,可以开拓学生的思路,扩大表现风格的视野,增强服装设计图的审美修养。害处在于,极易陷入由模仿带来的套路,妨碍自己真实的体验和独立风格的形成。

我们提倡服装设计效果图首先应该建立在每一个学生独立的造型基础和对服装艺术的理解之上,尤其在初学的时候,不易去追求那些潇洒的表现手法和抽象表现风格,而应该踏踏实实地将服装的结构、设计的意图表达出来。不要去追求表现因素,而应着力于形态的刻画和创意的表达。我们主张,塑造和表现的方法尽可能简单,但形体和服装结构的刻画一定要准确。

以下是服装结构交代清楚,造型准确的设计图范例。(图2-3~图2-17)

色彩的应用首先要把单纯的色彩表现清楚,再去追求复杂的色彩。对于服装质感的刻画,应该在具备拟真表现的能力之后,再去追求多样的表现效果。

优秀的服装设计效果图是建立在扎实的素描、人体速写、色彩的基本功上。天马行空的创意和浪漫潇洒的表现都应该是建立在对形体、服装和造型的理解和把握之上。

服装设计效果图在本质上首先要表达服装创意的意图。由于设计师的创意和意图以及其个人的服装艺术追求千差万别,所以服装设计效果图不应该有什么框定的概念和流行的趋势,同时也应该提倡各种各样的表现方法。所以在服装设计图的教学上,应该把握一个原则,教师只传授给学生基本的方法,并向学生介绍和阐释多样的风格,由学生自己去选择表现方法和艺术风格,而不是按照一种绘制模式和单一的风格作为标准。

(五)立体构成

立体构成课程是在设计类学科中为了增强学生们的空间塑造意识,超越二维平面造型的局限,而开设的课程。其教学

图2-3 设计效果图首先要准确传导服装形态、结构信息,同时也要具有艺术表现性和趣味。

图 2-4 设计手稿 梁明玉

图 2-5 具有丰富表现语言的设计图案：即便是信手画来，看似不经意中，也要表现服装的结构创意、形态特征。梁明玉

图 2-6 设计手稿 梁明玉

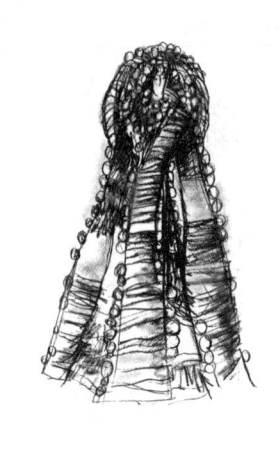

服装设计效果图的艺术性，应该建立在服装形态的准确性上，由此才能真正体现服装强烈的美感。

图 2-7 设计手稿 梁明玉

服装的一切手段，都是为了传达服装创意和服装的美感特性。

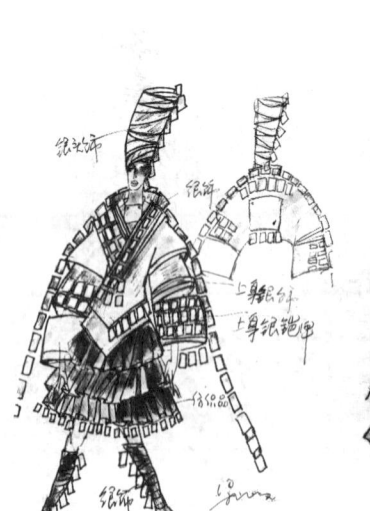

图 2-8 设计手稿 梁明玉

解决具体问题的效果图，在画效果图的时候，就要充分考虑制作工艺和材料质感、立体效果。效果图是为服装创意的终极目的——成品提供平面的解决方案。同时，服装效果图也有着独特的艺术性和美感。

034

图 2-9　能够解决具体问题的设计图
　　　　设计手稿　梁明玉

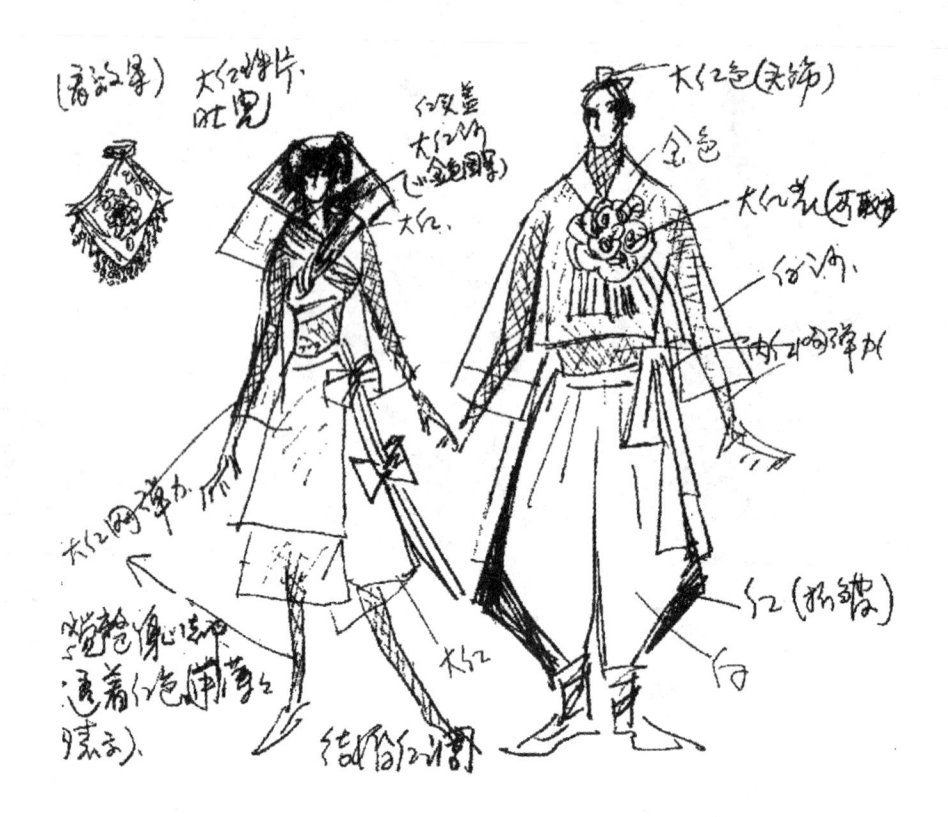

图 2-10 设计手稿 梁明玉

千万不要为了追求效果图的潇洒、绘画性，而失去服装创意的本质特性，这样你会连带服装效果图的本质都失去。效果图就是要解决服装创意的问题。它的绘画性、艺术性是自然流露出来的，而不是为了标榜绘画性而做出来的。

图 2-11 第三届全国城市运动会开幕式服装创意设计

图 2-12 具有戏剧性效果的服装创意，设计师考虑的往往是服装与环境、空间的关系，与人物、场景的关系及文化定位的关系。

图 2-13 运动会开幕式服装实况

图2-14 服装设计中对古代服饰资源的利用

图2-15 高级成衣设计效果图 梁明玉

图2-16 2008年北京奥运会开幕式服装设计创意

图2-17 三星堆出土青铜立人像及其服饰细部

的主旨和方法是要通过平面的纸质和板材，以几何学的展开方式将纸质或板材围合塑造成立体的物体形象。这个课程的训练可以为服装设计专业的剪裁和缝纫奠定好由二维平面向三维空间的转换意识和塑造意识。

服装设计专业的立体构成课程，除了设计类学科的立体构成常规内容之外，主要应该围绕人体和服装形态开展，如用各种各样的立体构成形式组合成服装形态。通过这样的训练，一方面可以增强裁剪和造型的空间意识，另一方面可以促进设计师服装形态的多样性意识。（图2-18）

（六）平面构成面料设计

平面构成训练对服装设计专业的学生来说，主要应用在面料的设计和面料构成方面。服装设计的创意灵感往往来自于面料。丰富多彩的面料设计会生发和促进服装设计师的创作基础和变化的服装形态。在面料设计中，图案的构成，纹样、肌理、质感的构成，以及纤维的层次、经纬组合，这些细微的千变万化的环节，都需要设计师去精心考虑。在服装设计的过程中，面料与面料的组合搭配，各种图案、肌理、纹样、面料层次的搭配组合都需要训练有素的平面构成意识。

服装设计中的平面构成训练，除了选择普通设计专业的教材以外，教师应该采用大量的纺织面料来进行切实有效的实战训练。教师应该在纺织面料平面构成的组织原理、色彩知识和变化原则的框架下让学生自己去选择、去发现，提倡学生到纺织品市场去搜寻和发现千变万化的、多姿多彩的服装面料世界；提倡学生到大自然中去观察山石树叶、云彩河流、土壤以及各种生态中，去观察发现自然造物中的构成美；提倡学生到城市空间去观察建筑与人居、交通与环境等

图2-18 手工玩具草图 梁明玉

构成的人文景观中那些充满生气的平面构成关系。（图2-19）

二 人的行为空间与服装空间意识

服装是流动的风景，所有的服装都是在人的行为空间存在，即便是天安门前的护旗士兵看上去一动不动，其实这种静态正是一种保持国家庄严的行为。而护旗士兵的军装设计就要以这种保持国家庄严的行为为基础。

人的行为空间，有规范的空间和自由的空间，更有审美的空间。规范的空间是指人体在地心引力的规定下，肢体运动和行为方式的规律性，也就是通常所谓的人体工程。服装设计师应该把握与人的常规运动相关的服装尺码和服装结构。比如，人体运动中达到的高度和宽度，人与工具、器物的运动关系和操作方便，以使服装成为人体的有机组成部分，而非行动的障碍。

关于自由的空间，人的终极价值是自由，尽管社会赋予了人种种规范，人的创造和行为也必须在规范中进行，但这一切的目的都是为了达到自由。服装设计师也必须认识到这一点。服装设计的终极目的，也是为了适合人的这种终极目的。人的着装在社会常规中是有规范的礼仪和规范的行为，但人处在私密状态和休闲状态之时，规范的服装则成了一种束缚，所以设计师应该从这种人文的高度来把握人的行为、人的行为心理的自由空间。

关于人的行为的审美空间，卡尔·马克思在《1844年哲学经济学手稿》中说，"人不仅按物的尺度生产，也按美的尺度生产。"人的行为和自然环境、社会环境紧密相连，人和自然的关系，人和社会的关系除了是一种共居、生产关系之外，还是一种和谐的或分立的审美关系。人的行为充满着力学的美感、节奏的美感和旋律的美感，也充满着人的自由追求和人与自然和谐的美感。服装设计的创意应该从审美的高度去认识人的行为，这样便会有无限广阔的空间创造。

（一）人与服装的适合性

前面我们谈到了人体工程，是指服装与人的行为结构和环境的关系。人与服装的适合性是指人自身与服装

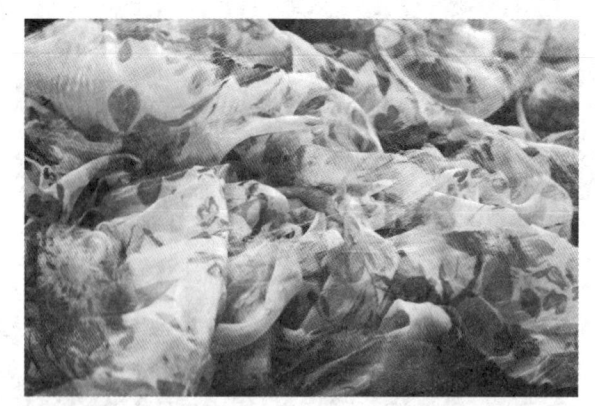

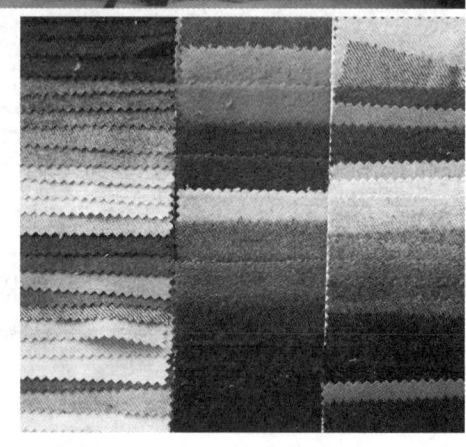

图2-19 各种纹样肌理的面料给予服装设计师创作灵感（组图），面料堆码的方式利于启发设计师灵感。 梁明玉工作室面料库

040

形态的适应关系,如穿着的舒适度。通过所谓"合体",行动方便,保暖、透气、面料与皮肤接触的感觉以及人在特定场合穿着服装的"得体"即着装者身份与环境的心理适合性以及感官适合性。

人与服装的适合性可以分作身体的适合性和心理的适合性两种层面。前者是可以通过结构和尺寸来测定的,而后者是通过对客观环境的判断和主观心理的判断。

(二)服装尺码和体态意识

服装设计的成功与否,很大程度上取决于服装的尺码、服装形态的体量,这其实是艺术创造的一个通用法则。比如,雕塑艺术分作两大类,室内观赏雕塑和城市景观雕塑。前者体量相对小,后者体量相对大。这种体量决定了雕塑类型的审美规定性。如果把前者的体量放大,以替代后者的效果,则立马会显出视觉上的矛盾。服装艺术也是同样,宽体的服装有宽体的特殊美感,窄体的服装有窄体服装的特殊美感,如果把窄体服装的体量放大,以替代宽体服装也会出现视觉矛盾。这是因为服装的审美和视觉效应是决定于周边的环境规定性,也决定于人体本身的规定性。

服装的尺码意识不仅是指服装产品的大中小型号,而且是设计师根据人体对象所做出的体量关系的判断和尺码缩放的手段。比如某些体格瘦小的人适应穿小尺码的服装,但有的体格瘦小的服装适应穿大尺码的服装。反之,有的体格宽大的人适应穿大尺码的服装,但有的体格宽大的人不适合穿大尺码的服装。这是因人而异的,是根据人的体格、气质而决定的。所以,服装的尺码意识不只是一种型号的对号入座,而是服装设计的一种积极手段。

关于体态意识,人的体态是千差万别的。没有绝对完美的体态,也没有绝对丑陋的体态。就是残疾人的身体也有特殊的美感,因为体态的美是由内心世界和生命激情支撑的,比如在"29届北京残奥会开幕式"上,汶川大地震的幸存者们用他们伤残的肢体塑造出人类最美好的肢体形态,感动了世界。服装设计师的创意手段是能以人性的高度、人文的理解去认识、发现各种体态的美,然后赋予其适合性的服装形态。服装设计的一些细节处理也决定于对服装对象体态特征的把握。人穿衣服不仅仅在于合体或时尚,体态和气质也是重要的因素。(图2-20)

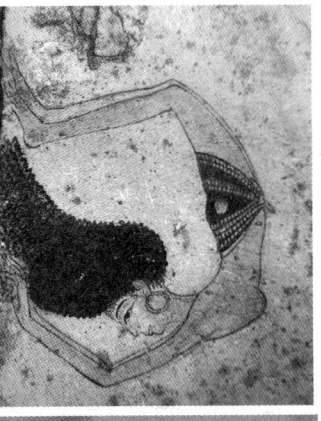

图2-20 服装与体态的关系

041

(三)对人体工程、人体结构、人体运动的充分把握

　　服装的本质是为了人,对人的理解,包括了外在的人体结构、人体动态、人的行为规律,也包括内在的精神气质,个性特征。所谓人体工程学是研究人的日常行为与人的肢体结构运动适应性,从而更有效地调集人的行为,使人的活动、劳动、休闲行为更便捷,更有效,更舒适。人体工程学在服装设计方面的表现是使服装结构更适合人体结构、人体活动规律。使服装设计与人融为一体,成为人体的一部分。使服装更具人性化,使服装成为人与外部世界最熨帖的中介质。

　　服装结构与人体结构的关联最重要的是人的肢体运动的关键部分,即袖、肩、腰、膝部分。对这些部分的设计,既要考虑到肢体运动的方便,又要考虑到服装的动态美感。(图2-21)

图2-21 (左):解决舞台服装具体问题的设计方案
　　　　(右):创绘的裘皮高级成衣效果图　梁明玉

(四)对服装空间、服装结构的充分把握

　　服装空间是相对于人体和外部世界而言,在人体和外部世界之间,静态和动态的服装有着丰富多变的空间形态。静态的服装表面上看来空间不大,依附着人体,但一件有魅力的服装,往往会成为视觉的焦点。常常见到这样的情形,一个人的着装风仪,引起众多的回头率,这时静态的服装通过魅力的辐射被放大了。这是审美心理空间的扩张。动态的服装,其空间关系是连绵展开的,服装的动感形成流动的风景。人的韵致和风采,随着移动的空间而呈现。所以,设计师在创意之时,头脑中就要具备服装空间展开的形态。这还要考虑单体的人和想象服装在运动、展开形体下的美感,而不仅仅是停留在静态。

　　而要考虑服装的空间,则必须熟悉服装的结构规律。何种服装形态需要何种结构。有时是为了达到服装空间形态而创造改变服装结构,有时是为了服装结构而改变服装空间形态,灵活多变,不拘教条,一切以塑造成服装效果和人的着装个性为目的。(图2-22)

042

(五) 对服装成型工艺流程的基本把握

由于服装是三维立体的艺术形态，仅仅在平面上画出效果图，绝不能传达服装的真实美感。服装最终是做出来的，而不是画出来的。在制作过程中，工艺流程是保障服装设计效果的重要环节，尤其是作为企业品牌产品的服装，设计师必须对工艺流程了然于心。比如一件成衣，往往有数百个工序，孰先孰后，工艺手段与工艺深度对产品的效果都很重要。

虽然在服装企业中，往往是由工艺师来把握，但设计师作为工程原创的核心人物，必须对工艺流程有较为全面的把握。为了达到设计效果，设计师要选择不同的工艺流程。譬如根据服装的衬料的柔顺程度，选择衬料厚度和压衬工艺。根据肩型的异同而选择不同结构的整烫机械和成型工艺。根据服装材料质地而选择不同的缝纫工序和粗细、质地不同的缝纫线。对这些工艺流程、机械装置、工艺效果，设计师应该了然于心，把这些工艺流程与设备功能作为服装设计的积极手段。

在服装的打样和制作过程中，往往会产生工艺师对设计师意图的误解或专业性分歧，如果设计师不熟悉工艺，则无法协调解决矛盾。这时，设计师必须建议指导工艺师，调整工艺流程，以适合于设计意图。这些都需要设计师充分了解工艺流程，优秀的设计师绝不是纸上谈兵，坐而论道，而是在生产第一线，亲自参与服装制作，与制版师、工艺师、工人融合，熟悉生产工艺流程，甚至非常细碎的工艺窍门。

设计师为了达到设计效果，必须在常规的服装工艺流程之处，动脑筋想办法，创造新工艺或进行传统工艺流程的改良，以创造出新奇的艺术效果。(图2-23)

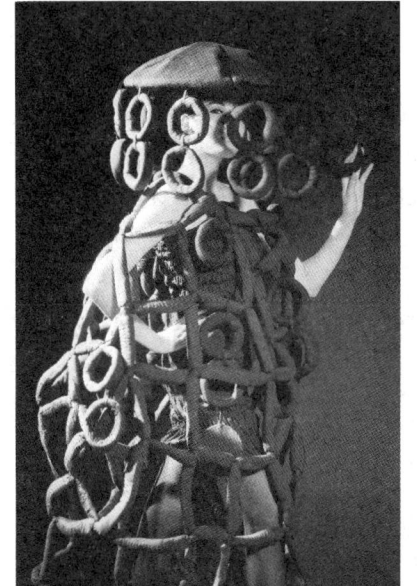

图2-22 服装结构产生于人体与空间的关系中 梁明玉《南国魂》系列服饰 1992年

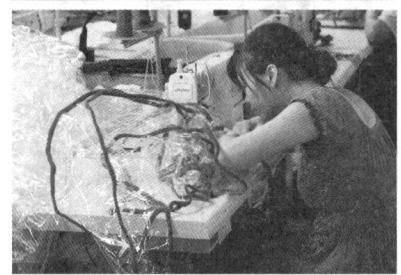

图2-23 服装工艺流程

三 动手制作能力的培养

意大利的服装大师瓦伦蒂诺最爱炫耀于人的就是他从17岁就学裁缝。这跟通常人们强调学历，不屑匠工的观念完全不同，服装这个行业由于其手工作业性质和产品直接贴近人的肌肤的亲和性，设计者和制造者必须亲力而为。

动手制作能力包括手工绘画表

现能力和手工制作能力以及操纵各种服装机械的能力。前两种能力尤其重要。在国内目前的高等服装教育中有一种普遍的误区，即将服装设计专业的根本和重点放在平面的设计图中，而严重忽略动手制作能力的培养，这是没有理解服装设计这门专业的性质，无论是从艺术设计或者工业设计的角度来认识，服装的概念都是立体的。设计图只是服装设计的一部分。服装与雕塑一样，最终成品是立体的，服装设计专业学习裁剪制版、缝合、造型与雕塑专业学习泥塑打石头是一回事，都是必须动手的。由于概念认识不足，学生就会误解，往往只愿画设计图而不愿动手制作。只会画不会做的不叫设计师，只能称作服装画工作者。目前最权威的服装学院如埃斯莫达，圣·马丁，高级公会学院的教学都是强调制作，跟我国目前的教育有原则性的区别。优秀的设计师没有一个人是只画设计图的，他们都有超人的动手制作能力。服装专业学生在学业中必须经过相当多的课程手工制作训练，否则不能成为合格的毕业生。

(一)手工绘画表现能力

在今天的服装设计行业中，电脑设计已经在绝大程度上替代了手工绘制。电脑能够提高生产力，辅助设计师的创意，甚至能够用电脑的技术特性和海量的图库信息推动设计师的创作。用 Photoshop、CorelDRAW 和 3DMAX 等软件可以制造出神奇灿烂、丰富多变的效果，但对服装设计师来说，这都不是来自心灵的原创。再高明的电脑手段都没有手绘能够直接表现自己的意图，再精微的电脑绘制手段，都没有手工绘制的直接情感和透彻的表现。所以我们强调服装设计的学子应该以手绘为设计的主要手段，人要相信自己的手，人的头脑和自己的手是最终极的创造手段。(图 2-24)

图 2-24 具有表现性目的之服装绘画设计图

(二)服装设计中的手工制作

在缝纫机发明之前，人类的服装都是手工制作。古时称为裁缝行业。千百年来，裁缝行业积淀了深厚的劳动经验，各种手工艺制衣手段也成为人类服装史的文明精华，凝聚着丰富的智慧和心灵。传统服装手工艺技有缝、刺绣、挑花、钉、铆、穿、织、钩、缠、盘、折、扎、染、封、包装、划版、剪裁、立塑等手上功夫。作为现代设计师，虽然可以操作利用各种服装机具，但学会掌握这些手工艺，会从人的本体自然本性，更深的层面去理解，体悟服装文明的深厚积淀，设计出的服装会更贴近人的感觉、感情和人的本质。通过这些手工艺的熟悉把握，更能生发出与现代机械化数码化服装业不同的创意灵感。

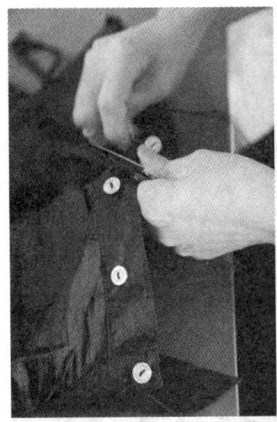

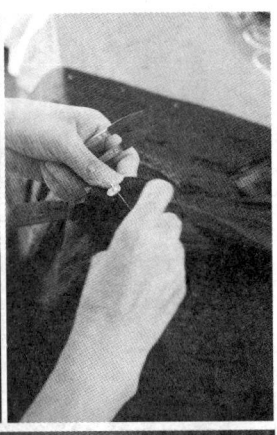

图2-25 （上）：手工钉扣　（下）：首席设计师也必须亲自手工操作，才能使作品臻于完善。

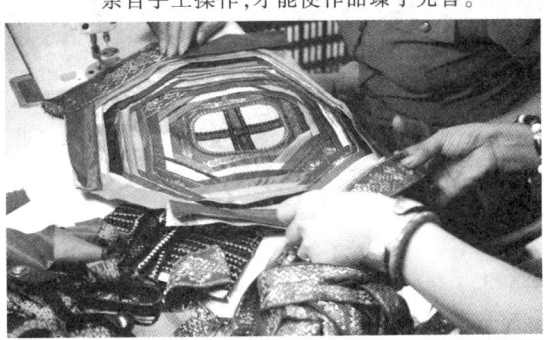

图2-26 中国的传统服装工艺博大精深、源远流长、取之不尽、用之不竭，在服装设计中大量应用传统的刺绣工艺。　梁玉明

以下是现代服装设计师所应该了解并掌握的传统制衣手工艺。

1. 缝

缝，英文解释为：sew，slot。本义：以针线连缀。"缝，以针紩衣也。"——《说文》；"缝，合也。"——《广雅》；"可以缝裳。"——《诗·魏风·葛屦》。

缝又称缝纫。在中国古代，单线为纫，合股（双线）为纠，交股为辫。是指用针穿线将两块布料或其他物质通过针穿透连线而接合起来。缝纫是人类最古老的劳动方式和手工技艺，可以追溯到新石器时代用骨针缝兽皮。今天各种电脑缝纫机把这门古老的手艺发挥得无懈可击，登峰造极。但对服装而言，手工缝纫是不可取代的，千变万化的服装结构使缝纫机应付不了，更重要的是手工缝制对服装的细节趣味的表现，人性化的感觉，手工缝纫可达到的人与服装的熨帖，手工缝纫的韵味和针脚线迹的天然美感，这都是缝纫机所难企及的。（图2-25）

2. 绣

绣是古老的手工艺，指用彩色线在布帛上刺成花、鸟、图案等。

"绣，五采备也。"——《说文》。按《考工记》解其："以言画缋之事，则凡黼与画之五采备者，皆曰绣也"。

绘饰华美的亦称为绣。"文绣有恒。"——《礼记月令》；"黼衣绣裳。"——《诗·秦风·终南》。

通常是用手工穿针用各色丝线在绷平的纺织品上绣花。在古代是女性的必修课，所谓"女红"的重要功夫。随着现代社会消费结构和教育结构的改变，年轻女性几乎都不善此道。但在某些民族地区，仍然保持了女性从小就学刺绣的传统。在贵州黔东南州苗族集居地区，女孩从手能捏住针起就跟着母亲姐姐刺绣。姑娘的嫁妆都是从小绣到出嫁，精致积厚，凝聚着岁月，体现生命的意义。

在现代服装设计中，手绣和电脑机绣都是不可取代的重要手段。服装图案刺绣具有印制图案所不具备的特殊质感，在技术美学上体现致宏极微，滴水汪洋，鸿毛泰山的境界；在物性感观上体现出成本与价值的高昂。电脑机绣从手工刺绣发展出来，能够解决批量生产加工速度，电脑机绣虽然能达到整齐精密的效果，但缺乏手绣的灵动和生气。（图2-26）

3. 穿

穿是古老的手工艺方法，在服装制作中大量应用。

"穿，通也。"——《说文》；"何以穿我埔，何以穿我屋。"——《诗·召南·行露》；"此所谓强弩之末势不能穿鲁缟者也。"——司马光《资治通鉴》，穿针是使线的一头通过针眼

045

(中国民间风俗，阴历七月初七日穿针乞巧）。(图2-27)

在传统工艺中穿针引试，或打孔使绳，织带穿孔，都是服装制作中常见的工艺。运用穿孔、穿引的方法，有时是从功能上考虑，增强服装连接部位的强度耐力；有时是从纯粹形式出发，增加其视觉效应，有时候，繁密严谨的工艺给人强烈而扎实的视觉感受。

4. 染

扎染，与豆浆石灰堵染。

扎染在我国东汉时期又称绞缬，是采用结扎的染色工艺。在染色时将部分织品结扎起来使之不能着色，因之形成图案的一种染色方法。过程是将织物折叠捆扎，或缝绞包绑，然后浸入色浆进行染色，染色是用板蓝根及其他天然植物，在川黔地区也有用豆浆与石灰堵住刻花版的镂空部分。俟堵剂干燥后浸入染缸，使之不能着色，称为堵染、这种民间工艺几乎失传，但其印染效果具有惊人的古朴之美。梁明玉的服装设计代表作品《南国魂》，就是亲自去川黔边区染农家与其一起用这种古老的工艺染出面料。这种面料一点也不豪华，但其美感是无法替代的。《南国魂》是现代设计的经典，正是由于材料及创作过程的原生态和设计师亲历体验，才具有了博大精深的历史感与民族魂。(图2-28)

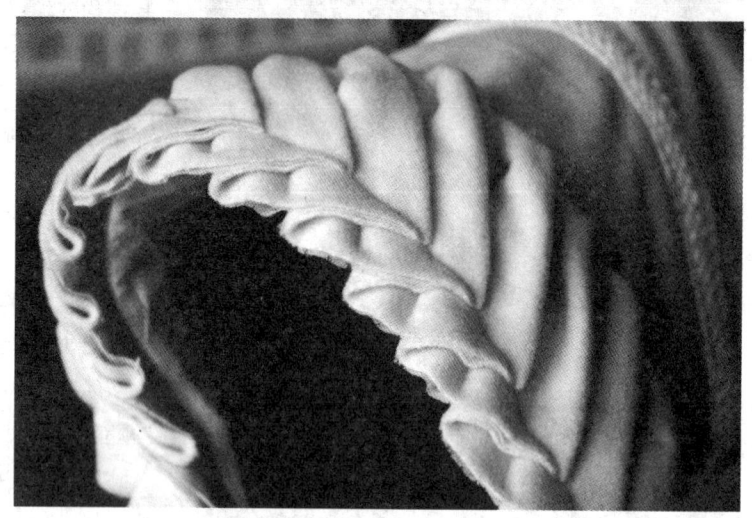

图2-27（上）：穿缝的工艺技术用在皮革服装上
（下）：复杂的折叠工艺以达到立体效果

事实上，亚洲和欧美的一些设计师，都从古老的传统面料工艺和织染工艺中去寻求创意灵感。天然染料没有污染，不会对人体皮肤产生不良刺激，形态与自然气候居住环境没有冲突。在提倡环保，回归自然的消费时尚中，传统的织染工艺会得到恢复发展，具有广阔的发展空间，甚至通过这种手段使传统手工艺得以恢复创造。对人类的发展观念，生产方式，生活方式有全新的启示和改变的可能。所以，了解、把握传统织染手工艺应是创意服装设计的必修课。

5. 织

织布，制作布帛的总称。"织,作布帛之总名也。"——《说文》；"治丝曰织。织,绘也。"——《尔雅》。

织(泛指织布。织是织布帛，纤是用以织布帛的丝线,也指织布帛的工人)。织造(织作绸、布、呢绒等之总称)。织花(用各种纱线、丝缕在织机上织成带有花纹的纺织品)。织帛(织作丝织品)。

织毛衣织皮(兽毛织成的毛布或毛衣),织金(交错金丝),织罗(用丝、麻、棉纱、毛线等编成布或衣物)。

织补,仿照织物的经纬线把破的地方补好。

古人的这些关于织造的概念全都是手工艺。织机操作也是有大量手工艺。《木兰辞》中"唧唧复唧唧,木兰当户织"就是描绘反复作响的手工织机。在今天的设计创作中，仍然可以用到手工织艺。纺织品分梭织和针织。由于梭织纤维精细,多为机织,而针织纤维相对粗,可以用手工织造,常见手工就是用各种手工针织毛衣,手工织毛

梁明玉设计制作的服装作品材料都为手工的夏布,染料为植物靛蓝,工艺为手工绣,石灰豆浆染,银饰为手工制品。

图2-28 (下左):俄罗斯穆亨娜国立设计艺术学院服装系学生作业、手工制作。
(下右):设计师亲自操作的手工工艺

衣的工艺很自由，熟练后可以随心所欲。设计师可以通过手工织造自由地达到塑造的目的，从而达到缝纫机难以达到的效果。（图2-29）

6. 钉

基本字义：把钉或楔子打入他物，把东西固定或组合起来。

钉在服装手工艺上有两种形式，一是钉扣子，虽然现在有专业的钉扣机进行批量生产，但设计师对扣子有着各式各样的要求，这是机器所不能解决的，所以，在高级成衣或演艺服装方面，基本上都是用手工来解决。还有一种是铆钉，即穿过两层以上面料的铆和扣。铆钉是从器皿、马具、工业产品上，引用到服装上来，带着一种天然的力度美感，多用在牛仔裤，或者刚性风格的服装。服装还有各种铆接方法，一般用作装饰作用。（图2-30）

7. 钩

钩是一种缝纫法，多指缝合衣边；贴边。用钩的方法来编织或连接服装部件是一个重要的服装制衣方法，其达到的效果和美感跟缝纫完全不同。钩针有各种各样的针法，还可以通过混合使用达到各式各样的创意效果，为设计师们经常使用。（图2-31）

8. 缠

本义：围绕，缠绕。

"缠，绕也。"——《说文》。

缠除了是一种固定的方法和加固的方法，还是一种服装表现手法。缠的手法能够使平面的面料呈现多变的立体效

图2-29 运用编织综合手段的编织服装作品

梁明玉

图2-30 （左）：用纸折出的服装面料，西南大学纺织学院学生作品　（右）：错彩镂金的手工面具，国际时尚舞台上的民族资源

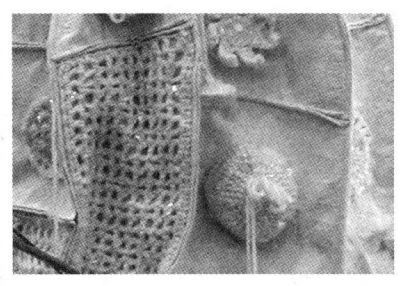

图 2-31 服装设计中大量应用的钩花工艺

图 2-32 （左）：用拉链作装饰的服装
（中）、（右）：用缠的工艺做出的服装

果。用面料和各种编织物缠绕会呈现一种流动的秩序和交裹的丰富感，这些都不是缝纫机械所能达到的。（图 2-32）

9. 盘

盘：动词；①围绕；缠绕。"则盘纡隐深。"——《文选嵇康琴赋》②交结；联结。如：攀谈（交谈；谈话）；盘络（回环联结）。③回旋；回绕；屈曲。

盘一般是指将线绳或者是线绳状的纺织品螺旋式或者扭结式连接在一起，形成一种繁密的堆砌的效果。盘的手法可以灵活地运用在服装结构和服装肌理的修饰上。（图 2-33）

图 2-33
（上）：手工盘绕工艺 梁明玉
（下）：工艺的 1:1 放样图 梁明玉

10. 折

本义：折断。

折缝，反面先暗缝后再在正面缉明线的平厚接缝。

将平面的面料折过来形成立体，多层次的折叠形成整个面料的立体感和刺激感，从而改变了面料的基本属性。折叠起来的面料还可以拉伸，形成一种弹性的旋律感。虽然现在有折边机，可以大量加工折边，但一些精微的折叠方式还是需要手工来处理的。（图2-34）

图2-34 吉卜赛服装大量采用折裙

11. 裁剪

本义：裁制，剪裁。"裁，制衣也。"——《说文》。

成衣工，如：裁衣(裁缝)。

套裁；剪裁；对裁；裁衣(裁剪衣料制作衣服)。

本义：用剪刀铰断。"剪，齐断也。"——《说文》。

裁剪，几千年来一直是手工，电动裁剪，也就是一百年左右的历史。现在大型服装企业，都用电脑自动裁床。但手工裁剪仍然是具有不可取代的作用和韵味。服装设计师在自己制作服装的时候，为了达到自己的目的，用手工裁剪可以随心所欲，而用机器裁剪反而是一种障碍。（图2-35）

12. 熨

本义：用金属器具加热按压衣服，使之平贴。"衣裳不整，伏床熨之。"——《南史》。

又如：熨衣(熨平衣服)。

熨斗：熨衣服用的金属器具。

熨平：以熨平机压平或使光滑（如湿的亚麻布）。一件刚熨好的衣服所具有平整和折痕的状态。

熨斗也有几千年的历史，在电熨斗发明之前，都是用炭火装在铁质带盒的熨斗中。虽然很麻烦，

服装裁剪车间

再先进的服装工厂都离不开手工裁剪

图2-35

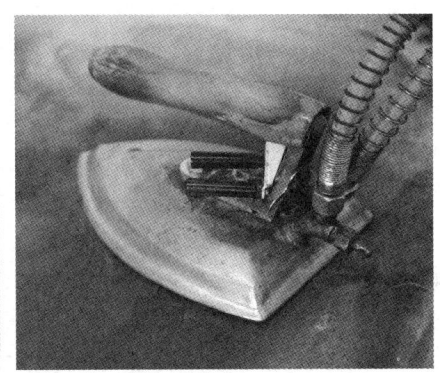

最早的炭水熨斗　　　　现代蒸汽熨斗

图 2-36　熨斗　梁明玉收藏

图 2-37　(上)：服装厂的包装车间
　　　　　(下)：服装离不开包装

图 2-38　设计师必须在设计及生产流程中用图式传达准备指令。

但王公贵族的精致服装都是手工熨出来的。今天的熨斗，虽然各式各样，但毕竟要手工操作，熨烫的技巧仍然是要靠手和心去把握的。（图 2-36）

13. 包装

在服装的手工制作中，需要用包的方法，如将纽扣用面料包裹起来，或者用包裹的方法制作配饰。

服装成衣的包装也很重要，包装的考究也是决定服装产品的品位所在。好的品牌服装及其包装都是像艺术品一样来对待，既而使消费者拿到包装后就感觉到美的享受，对包装爱不释手，既而知道珍惜包装之内的产品。（图 2-37）

14. 封

封的概念是封闭、封堵，用缝纫方法或堵胶方法进行封闭，是服装工艺中常见的手法。

15. 归派

归派是指用服装面料随身体的凸凹部分塑造成型的一种手段。这种塑造成型一般先用收省的方法进行平面展开和立体造型，但仍不能达到平整、流畅的感觉，这时就要利用面料纤维本身的经纬、韧性，用手工的方法进行定型。归在这里是指用手将纤维归纳集中，派是指用手工将纤维向周边舒展。（图 2-38）

051

(三) 服装机械操纵能力

以下是各种缝纫机操作能力,包括:电脑版样输出、电动平车、撬边机、锁眼机、锁边机、开袋机、钉扣机、电剪机。

熨烫操作。(图2-39)

库房管理 　　　　　　　电脑版样输出 　　　　　　整烫工艺

电动平车 　　　　　　　锁边机

中烫工艺　蒸汽熨斗 　　整烫机 　　　　　　　　　版样输出

图2-39　服装设计制作中各类服装机械的应用

四　审美品位艺术鉴赏能力

通过以上章节我们认识到服装的艺术涵义是很宽泛的,首先,它是一种实用的生活文化的类属。同时属于大众文化、流行艺术、商业文化、商业艺术,也就是说,为大多数人所能接受的艺术形式。服装的这种文化和艺术属性是一种广泛的基础。同时服装也可以通过品牌效应、艺术风格以及通过演艺艺术、舞台艺术的载体上升到较高的文化含量和艺术品位的层面。作为一种优雅的生活和高尚文化的表征,服装也可以作为一种较为纯粹的艺术形态,表达设计师独立的艺术观念和独到的形式意味。服装作为纯粹艺术形态,与文学、音乐、美术、戏剧、电影一样,作为经典艺术和史诗艺术。因此,服装的审美品位可以通过下列方式来表现:

1. 服装的纯粹艺术形态;
2. 作为优雅生活高尚文化的表征;
3. 大众文化、流行文化;
4. 普及的消费文化、生活艺术。

一个称职、优秀的设计师应该培养并具有对服装艺术的鉴赏能力,明确以上所示服装的不同层面的审美品位和艺术资讯。在设计的世界里,把握住不同层面的品位,便可以把握服装设计和服装产品的接受层面,针对不同的品位需求而设计出不同品位的服装。当然也可以在不同层面、不同审美品位的设计中相互渗透,使服装的审美品位得到不断的提升。

五 材料及资源选择、组合能力

服装设计是一个特别倚重材料的行业。材料是决定服装形态的最基础和最重要的因素。服装材料学的知识是设计师的必修课。人类的服装材料伴随着社会的发展不断地更新和进步,同时也积淀着永恒和可持续的要素。如材料的生态、环保和文化的原生态。传统的服装材料有人工种植的植物如棉、麻,狩猎收获的兽皮、人工饲养的家蚕。现代化工业产生了合成纤维,合成纤维满足了市场消费的需求量,克服了棉、麻、丝等材料供应的不足。同时通过现代科技解决了传统材料所不具备的抗皱、防腐、耐寒、耐温以及手感、质感等视觉的美观效果和触觉的舒适效果。但合成纤维面料在生产过程中,对环境和生态造成了相对的污染。在对人体健康绝对至上方面,也与传统面料存在着差距。作为服装设计师应该客观地看待和应用传统面料和现代科技产生的合成面料,应该熟悉各类面料的独特属性,使其运用在不同的设计诉求中去。(图 2-40)

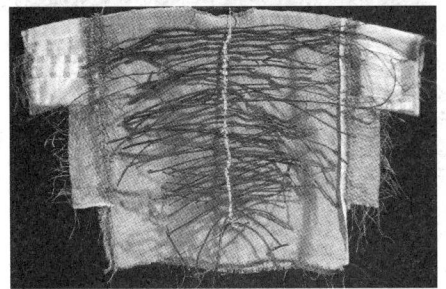

图 2-40 天然材料

在服装设计的创意设计中,还应该具备一种"反材料"的观念。这是指对材料的反思和否定,也是对惯用材料的超越。所谓对材料的反思和否定,是对材料的质量、数量、特性和质感等进行反向的思维。以通过对惯用材料和用材习惯的否定和突破,寻求新的创意路径。举例来说,相对堆砌材料的设计形态的反省,创立了极简主义的创作方向或路径;相对豪华昂贵材料的反省产生了质朴和节约的设计路线;对色彩绚丽表情丰富的材料的反省产生了朴素和空灵的设计形态。

图 2-41 生态材料

所谓对惯用材料的超越,是设计者对服装常用材料的否定。根据创意的需要,设计师可以选择非服装的材料来达到效果。这些材料的使用可能与服装本身无关,但是与服装创意的观念有关。比如,用服装表现环保观念,这就使服装材料有了无限的广阔空间,设计师们可以在自然和生存环境中去选择各种材料去表达自己的意图,甚至是工业生产和生活消费的废弃材料,通过自己的意图,对这些材料进行再生利用,创造出全新的服装形态。(图 2-41)

设计师的创意灵感与服装面料的高科技创新是分不开的,新材料的应用往往是提高服装销量的重要因素。设计师应该密切关注高科技面料的信息,这是制造服装时尚的一个关键。同时设计师也要注意对传统材料的挖

掘和重新审视。用时代的消费观念和生态保护的观念,"旧瓶装新酒"的方法去发现传统材料的魅力。(图 2-42)

六 创意思维和灵感孕育

在上面的章节已经对创意思维的普遍特性进行描述,此节将通过艺术创意和服装设计中的灵感孕育,做进一步分析。

语言是思想和智慧的表达,在今天的信息社会中和快餐文化中,人们愈善于从精练的语言和简短的故事中去表达创意的智慧。本书序言中引用的西谚,就以冷静反常的语句智慧表达了服装这一职业的爱恨情仇。

图 2-42　高科技面料

> 案例:王小波小说中充满奇思妙想,和穿越古今的智慧,比如他写道唐朝时长安城里就有出租车,所谓"打的",就是由人背着乘客穿街串巷到达目的地。长安城里最好的"的哥"是黑人,身体强壮,背着客人行走如飞。有其他人种抢生意,用炭抹黑了脸冒充黑的哥。乘客要打假辨认,只需擦一下的哥的脸看是不是山寨版的哥。这种创意既异想天开又有趣味,甚至可以为服装设计提供海阔天空的想象空间。

> 案例:流行的手机文学笑话段子中有许多开启心灵的钥匙,如下面的段子:汶川抗震救灾中,俄国救援队救出一老太太。老太太重见天日一看都是老外。就说,狗日的地震好凶,把老娘震到外国去了。这个段子经央视主持人说出,全国家喻户晓。有一个手机段子说,有一个人翻船了,在海洋中呼救,在礁石上喊:"上帝呀,救救我吧,"这时来了一条船,要救他,他说:"你们走吧,上帝会救我的。"一会又来了一条船,船上的人要救他,他又说:"你们走吧,上帝会救我的。"船走了,他被淹死了,他到了天堂,见了上帝,问上帝:"你怎么不来救我呢?"上帝说:"我不是派了两条船去救你了吗?"这个段子幽默的说明了机遇和命运的关系。

在服装设计的过程中,这种智慧的感悟处处都存在。设计师要善于调集自己的智慧和感悟力,用智慧去调集各种手段材料和表现语言。

在服装设计过程中,用见惯不惊习以为常的材料,贯注新奇的创意和服装结构,往往呈现全新的视觉效果。

> 案例:梁明玉设计的宗教系列服装《天国诱惑》在北京演出时,北京服装学院的学生们在后台观察这套服装的面料,同学们惊叹:这是谁都不用的最便宜的材料,怎么会有这么辉煌的效果!

七 各种能力的综合与互补,教学方式转换

学生学科知识背景,个人能力的差异。

在服装设计的教学中,教师要面对学生们禀赋不同、性格不同、认识不同的差异性。即便是对一种教材和一种教学方法,不同的学生会得出不一样的理解和结果。但是教师应该深信每一位都是有创造力的,关键在于怎样挖掘和引导学生的这种潜在的创造力。

学生的学科背景和知识结构决定着其学习的惯性与方法,在现行的服装高等教育体制中,服装设计专业可能开设于艺术类院校,可能开设于理工类院校。这就不可能按照统一的教育方法来施教。艺术类院校的服装专业学生经过一定专业造型基础的训练,善于用形象思维和感悟力。而理工类的学生经过条理性和逻辑性的训练善于用逻辑思维和理解力。在教育过程中,需要通过不同的方法来达到目的。对目的的要求也不能一致,总的说来应该扬长避短,殊途同归。

比如在服装设计效果图的教学中,对具有一定造型基础的艺术类学科学生,应该强调造型的准确性和严谨性,杜绝因艺术表现而忽略结构基础。而对理工类学科学生,除了应加强基础训练,启发其艺术审美和感悟能力之外,不能硬性要求其造型能力和艺术表现能力,而应依据其认识严谨的优长,强调其准确严谨。所以在艺术类学生中使用的注重表现的方法就不一定能在理工类学生的身上奏效。但服装效果图课的主旨毕竟是要培养造型能力,那么就要考虑减去一些表现性要求,在达到基本目的的前提下,依据学生的基础能力,做适当调整,用一些省约和避短的方法使学生得到成功的愉悦。增强学习的信心,这种方法取得的效果会很明显。学生也会越过学习的障碍,而寻找到表现自己能力的途径。

> 案例:某同学素描能力很强,在服装效果图方面,他善于用素描刻画的方法来表现,而另一位同学素描的能力却很弱,但她也按照前一位同学的方法去画设计图,效果显然差别巨大,教师发现以后,对她说,"我只是要求服装设计图有造型就行了,并没有要求用素描的方法或是用线描的方法"。这位同学立即采用了她擅长的线描的方法,同样,很完整的表现出了服装的设计图效果。

八 服装设计师的基本素质

(一)敬业精神

服装设计事业充满鲜花美色,风雅浪漫,金钱诱惑。但又是非常劳累,非常琐碎并且永无完美的事业。如果不是真心热爱,并有坚强毅力者,最好不要贸然从事,以免挫折多端,半途而废。

梁启超《饮冰室合集》有《敬业与乐业》一文,对人生须敬业如敬生命,宏旨大义,说得十分精彩,值得天下学子牢记,兹摘要如下:

我这题目,是把《礼记》里头"敬业乐群"和《老子》里头"安其居,乐其业"那两句话,断章取义造出来的。我所说的是否与《礼记》和《老子》原意相合,不必深求;但我确信"敬业乐业"四个字,是人类生活的不二法门。

本题主眼,自然是在"敬"字,"乐"字。但必先有业,才有可敬、可乐的主体,理至易明。所以在讲演正文之前,先要说说有业之必要。孔子说:"饱食终日,无所用心,难矣哉!"

又说:"群居终日,言不及义,好行小惠,难矣哉!"孔子是一位教育大家,他心目中没有什么人不可教诲,独独对于这两种人便摇头叹气说道:"难!难!"可见人生一切毛病都有药可治,唯有无业游民,虽大圣人见着他,也没有办法。

怎样才能把一种劳作做到圆满呢？唯一的秘诀就是忠实，忠实从心理发出来的便是敬。《庄子》记佝偻丈人承蜩的故事说道："虽天地之大，万物之多，而唯吾蜩翼之知"，凡做一件事，便把这件事看做的生命，无论别的什么好处，到底不肯牺牲我现做的事来和他交换。……曾文正说："坐这山，望那山，一事无成。"一个人对于自己的职业不敬，从学理方面说，一定把事情做糟了，结果自己害自己。所以敬业主义，于人生最为必要，又于人生最为有利。庄子说"用志不分，乃凝于神。"孔子说"素其位而行，不愿乎其外。"我说的敬业，不外这些道理。

第二要乐业，"做工好苦呀！"这种叹气的声音，无论何人都会常在口边流露出来。但我要问他："做工苦，难道不做工就不苦吗？"今日大热天气，我在这里喊破喉咙来讲，诸君扯直耳朵来听，有些人看着我们好苦；翻过来，倘若我们去赌钱去吃酒，还不是一样在劳神费力？难道又不苦？须知苦乐全在主观的心，不在客观的事。人生从出胎的那一秒钟起到咽气的那一秒钟止，除了睡觉以外，总不能把四肢，五官都搁起不用，便是费力，劳苦总是免不掉的，会打算盘的人，只有在劳苦中找出快乐来。我想天下第一等苦人，莫过于无业游民。终日闲游浪荡。不知把自己的身子和心子摆在哪里才好。他们的日子真难过。第二等苦人，便是厌误自己本业的人。这件事分明不能不做，却满肚子里不愿意做，不愿意做逃得了吗？到底不能。结果还是皱着眉头，哭丧着脸去做。这不是专门自己替自己开玩笑吗？我老实告诉你一句话："凡职业都是有趣味的，只要你肯继续做下去，趣味自然会发生。"为什么呢？第一，因为凡一件职业，总有许多层累、曲折，倘能身入其中，看它变化、进展的状态，最为亲切有味。第二，因为每一职业之成就，离不了奋斗；一步步的奋斗前去，从刻苦中将快乐的分量加增。第三，职业的性质，常常要和同业的人比较骈进，好像赛球一般，因竟胜而得快乐。第四，专心做一职业时，把许多游思、妄想杜绝了，省却无限闲烦恼。孔子说："知之者不如好之者，好之者不如乐之者。"人生能从自己职业中领略出趣味，生活才有趣味，生活才有价值。孔子自述生平，说道："其为人也，发愤忘食，乐以忘忧。不知老之将至云尔。"这种生活，真算得人类理想的生活了。

我生平最受用的有两句话：一是"责任心"，二是"趣味"。我自己常常力求这两句话之实现与调和，又常常把这两句话向我的朋友强聒不舍，今天所讲，敬业即是责任心，乐业即是趣味。我深信人类合理的生活总该如此，我盼望诸君和我一同受用！

梁启超此文的两句话"责任心"和"趣味"，对于今天90后的年轻人，后者仍具，前者有所缺失，这是因为父母家庭给予了过分的爱，社会以及人口结构不合理，社会风气不端正，社会教育不尽责所致，这是一个普遍的社会现象。似乎也不是哪一个具体人的责任，但社会要前进，事业要发展，必须要有责任，具备责任者，社会与事业必选择他委以重任与厚酬，不具备责任者，无法胜任，无法委托，必自居低酬阶层。这个道理在任何社会都是一样的。

服装业的成功者都是敬业的，成名前的努力是靠敬业，成名后的成就也靠敬业，圣·洛朗，瓦伦蒂诺都是十几岁学徒，兢兢业业成就伟业。梁明玉在自己拥有工作室之前，在服装厂做设计，设计起来没有上下班工休日概念，每天工作十多小时，吃住都在车间，拿着不高的薪酬，却为企业创造很高价值。家里遇暴风雨掀了房顶也没工夫去看看。劳累虚脱时遇工厂门口卖蛇，她吞下生蛇胆滋补。在突击任务时连续通宵不眠，所有的助手都睡着了，她却必须考虑翌日的工作。刘洋在设计时经常在面料堆上躺一下又继续。张肇达长期在广州机场停车，下飞机就直接开车回中山，马不停蹄。吴海燕经常是上午北京下午杭州晚上在去欧洲的飞机上。在北京奥运会开闭幕式服装设计组，70岁的日本设计师石川英子翻来覆去改方案，她对张艺谋说"我已经不知道你需要什么"。在这个团队里除了挖空心思创意，手不停用笔画图，几乎没有睡觉吃饭时间。方案样衣一次次被否定，没有怨言，不讲条件。这个团队集中了最优秀最敬业的设计师，正是他们超人的敬业精神，创造了令全球赞叹的华装，展示了中国精彩绝伦的服饰文化。在华丽璀璨的服装舞台以及鲜花和掌声背后，是玩命，是奉献，是难以想象的艰辛劳累、眼泪和委曲。

服装设计事业是一种个人智慧与团队协作的事业，一个画家，可以凭自己的个体劳动完成作品，但一个服装设计师的艺术创意，必须靠团队协作才能完成。现代服装设计方式几乎没有纯粹的个人方式，都是以设计工作室、设计公司、设计部门、设计机构的方式。工作团队的效率和质量,首先就在于团队的协调合作能力。在团队中,每个人的责任心最为重要,在设计环链与过程中,任何一员的不负责任都可能给设计工作带来无法估量的损失。

服装专业的学生大都是志愿选择专业,数年寒窗,就业亦颇不易,就应珍惜机遇,敬业乐业,在服装设计的团队中尽心尽责,在服装设计绚丽而艰辛的事业中体会创造与协作的乐趣。

(二)团队意识

服装设计的毕业生就业以后,一般都是在服装企业和设计机构任职。即便是个体劳动和自己创业,也是某种程度上的组合劳动方式。服装设计这个行业跟其他艺术家、设计师不一样,服装设计的过程和结果都需要团队协作,不是一个人能独立完成的。所以作为服装设计师的重要素质之一就是要具有团队意识。

在服装设计的团队中,往往是由首席设计师和设计部主任负责牵头某个项目,尤其是系列服装和专项服装工程,要通过分工和协作来完成设计的各个部分和细节,最后通过统一调配和首席设计师或设计部主任责任完成。在整个设计过程中,需要每一个人的敬业和责任,任何一个人的失职和疏忽都会给设计工程带来损失。服装设计行业的特点是针对季节性或文化活动的需求,时限性特别强。往往是时间紧、任务重、要求高、报酬低。这是服装设计界的普遍状况。但是这个行业充满着时尚的激情、创作的欲望、艺术的诱惑和价值的实现。服装设计团队的整体素质和协作是服装企业、服装品牌、服装艺术成功的保障。所以,对于设计团队来说,对人才的需求,最重要的不是个人的能力,而是个人的团队意识和协作能力。

服装设计工程的协作尤其重要。任何一种独特的创意都需要通过协作来达到。这种协作往往不是被动的完成自己的责任就行了,而是需要主动与同事和设计负责人密切配合。

> 案例:联想集团兼并了美国IBM公司的手提电脑业务,从未有跨国公司经验的联想集团要管理总部在美国的公司和设在日本的研究所。要面对不同文化背景、语言习惯、思维方式的员工。联想集团以人为本,留用了包括总裁在内的美国和日本团队,严格要求国内的团队迅速适应国际化的企业规范。在这个复杂的团队中,各国团队和各种肤色的人在共同的企业理念、游戏规则中相互谦让、相互尊重、密切合作,使联想手提电脑跨入世界三强。

(三)专业意识与修养

所谓专业意识是指服装设计人员认识事物的平台、解决事物的方式和工作方法等方面都能够贯注服装设计的目的、规范、专业尺度、标准,自觉的按专业规范和程序办事,按专业的标准追求产品的质量、服装品牌的声誉和审美品位来进行设计。每一位设计人员都应该具备本专业的评判标准尺度,对本专业类杰出人物应该心怀尊敬。要谦虚谨慎、戒骄戒躁,踏踏实实地在自己的本位工作上创造业绩,步步升级。切勿好高骛远,理想和现实脱离。对同行的设计作品和产品应该保持知识产权保护意识,自觉禁止抄袭别人的创造,尊重别人的设计和学术成果。在从业的过程中,保持职业道德、宽容和理解,对同行业的设计成就不能诋毁和攻击。尤其不能在设计市场上,因为竞争而进行相互的攻击。

一个合格的设计师应该广泛吸收别人的经验,尊重别人的劳动和经营,尊重雇主的利益,自觉自律,做好职务的保密工作。严禁将商业情报泄露给或转移给非雇主。在此期间,应该自觉遵守在职单位的规定,得到别人的尊重和信任,使自己最大程度地获益。失去别人的尊重和信任,即便你再有才能,可能也没人敢用你。

(四)热爱与责任

凡从事一种事业，都需要动力，热爱与责任都是动力，如果仅以责任来作为工作动力是不能把工作做好的。比如，只是负责地完成了自己的工作，这还不足以把事业臻于完善，从事事业最强劲的动力是热爱。热爱是因为有兴趣，对事业有兴趣就会全心投入，甚至于如痴如醉、废寝忘食。热爱就会有牺牲，当你真正热爱一种事业的时候，你会舍弃其他很多利益和诱惑。作为设计团队的成员，热爱与兴趣还必须与对团队的责任联系在一起，如此才能把自己的智慧和能量融入到事业中去。

图 2-43　上海大学巴黎国际服装学院的服装绘画基础课程

(五)造型基本功和造型意志

造型基本功是指服装设计师应该具有的素描、色彩、人体速写、服装设计效果图的综合能力。有了扎实的基本功，才能应付千变万化的服装形态和设计诉求。服装形态是风云变幻，但万变不离其宗，有了扎实的造型基本功，处理起来便可以得心应手。

所谓造型意志是服装设计师以人体形态、服装形态的塑造为基本出发点，这个基本出发点决定了设计师的观察方式、表现方式和塑造方式。一个优秀的服装设计师总是贯注了这种造型意志，头脑里装满了服装的结构和语汇。造型意志的确立决定了设计师的创造主体，拿服装设计师的行话来说，"看什么都是衣服"，当你到了这个境界，你便会体会到一个服装设计师的世界是怎么回事。(图 2-43)

(六)服装效果图表达能力

经过长时间的训练，设计师掌握用服装效果图来表达自己的创意目的和服装形态。设计师的绘图表现能力可以在设计工作中随处运用，设计师可以随时随地用绘图的语言表述自己对设计环节和设计细节的想法。图式是服装设计最好的说明。所有的工程制版技术人员和服装加工人员都需要从图式上去领会沟通服装形态。在协作工作中，往往有语言表达不清的地方，这时设计师就会用图式来示意沟通。所以图式能力是设计师最有效的武器。

> 案例：用服装设计图谈判取胜。某单位招标形象服饰设计，许多设计公司的方案都不中意，某设计师去见该公司负责人，没有带设计图，就带了一支笔和一个速写本，对负责人说："你需要什么样的样式，告诉我，我给你画出来。"那位负责人把要求告诉了他，这位设计师当时就在速写本上画了出来，那个负责人指出这里不对，那里不足，设计师立即按照他的意思迅速画出来，经过几个回合，这位负责人就满意了。

(七)制版、平面裁剪、立体裁剪与服装空间结构

虽然在现代服装业中，制版是由专业人员来完成，设计师一般不亲自制版。但是设计师必须熟悉制版的过

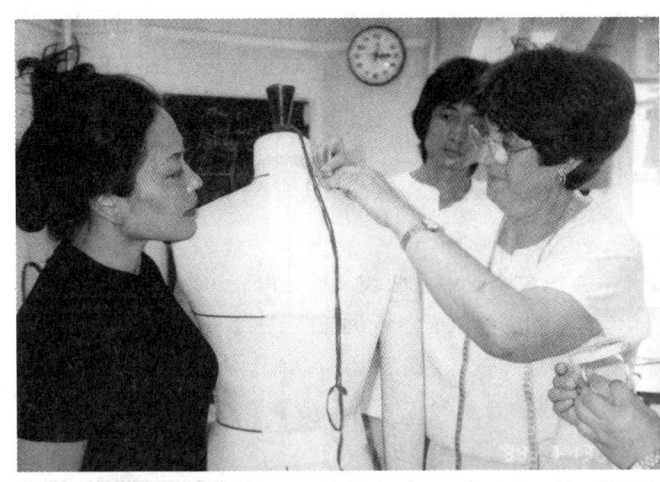

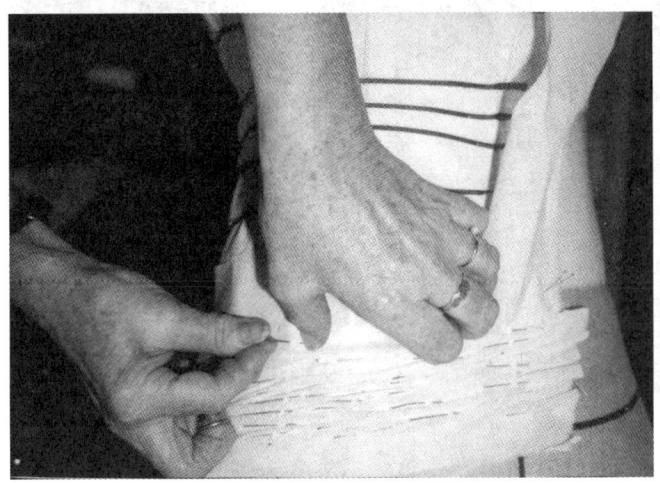

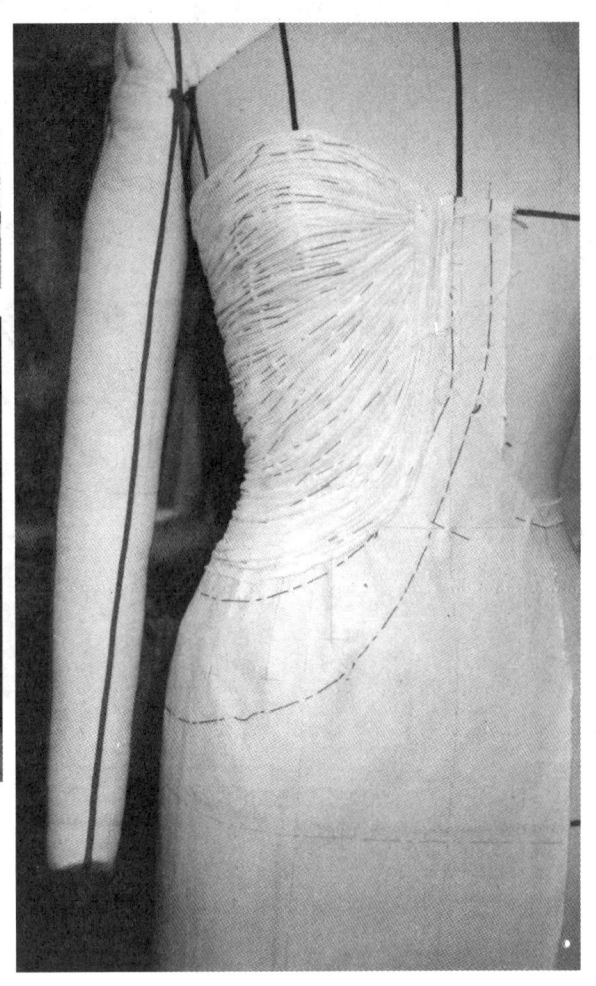

图 2-44　巴黎服装高级服装工会学院的教学强调手上功夫和服装造型

程、技术环节和效果，必须懂得从服装设计效果图转换到版样的过程和关系，并清楚制版师、制版人员是否达到了自己的设计效果，并能在制版过程中，对制版工艺进行修正和指导，以使其达到设计效果。设计师并不是把图交给制版部门就行了，而必须把设计意图贯穿于制版过程中，只有这样你设计出来的服装才能尽善尽美。设计师参与制版不仅能够达到自己的设计目的，而且，制版人员制版过程中的解决方案和"错误"能够提示设计师的设计思路和解决方案。所以，熟悉制版（不论是手工制版或是电脑制版）是设计师的分内之事和应有的素质。（图 2-44）

平面裁剪是常规的裁剪方式。因为服装的设计制作是有规律的，服装造型规格、型号等都有固定的模式。平面裁剪能够解决常规服装的预期缝合、成型要求，并具有单件裁剪的方便和批量生产的速度保障。

立体裁剪是为了使成衣更具人性化和更具有贴身的穿着效果和舒适度，而在人模上进行形体拟真和裁片调试的裁剪方式。在现代服装设计中，有时也采用高科技的人体坐标尺，以测定人体三维坐标点，以电脑建模方式来进行的立体裁剪。这种方式能够保障个体差异性，但由于成本较高，所以很少采用。

服装的空间结构是应该存放在设计师头脑里的,设计师在进行平面的设计图式、测量人体尺寸的时候,就应该形成服装的空间结构。设计师应始终有立体和空间的意识,应该随时想到服装成型之后穿在人身上的效果,而避免被平面的程序消解立体感和空间结构。(图2-45)

(八)服装工业流程熟知与价格控制能力

大部分的服装设计专业毕业生都会在服装企业就业,在服装企业中,服装设计是服装工业流程的一个部分,但却是一个龙头性、决定性的部分。服装企业的设计师们必须了解服装工业的流程,熟悉作为工业产品的服装,它的加工原理和基本工序。只有切实的了解加工流程,才能保障设计的意图得以实施。不仅如此,设计师对加工流程的熟悉,还与价格控制和面辅料的最大程度利用、工序的合理和工时的合理节约等因素有直接关系。

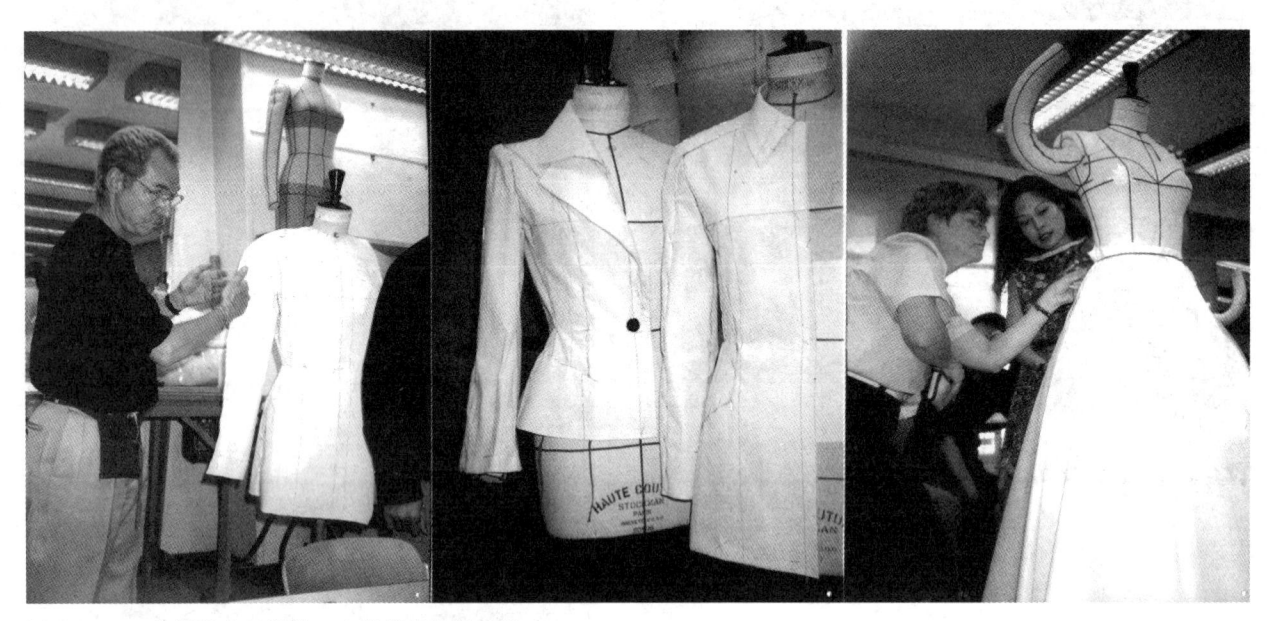

图2-45 巴黎服装高级服装工会学院的教学过程

在服装生产线上,一件成品往往要经过数百道工序,作为设计师不一定每道工序都清楚,但作为服装产品的重要工序尤其是决定产品形态和质量的重要工序必须装在设计师的头脑里。在产品服装的设计过程中,往往不是设计师的设计决定加工流程,而是加工流程和价格控制决定着设计师的设计。一个合格的设计师一定把加工流程和价格控制也当成设计因素,能动的考虑进自己的设计当中去。这样的设计才可能称为企业的创价能量,企业才能够重视设计师的设计才能。所以,设计师和企业是一种双向的关系。

(九)市场观念与流行把握

只设计出自己的作品还不能称得上是服装设计师,服装设计师的概念从根本上来说是市场和消费需求所规定的。判别一个服装设计师的成功与否,也主要是依据其市场成功的效率,因此,设计师的市场观念尤其重要。一般刚从院校毕业的服装专业学生,都注重自己的个性表现而忽略市场观念的建立。就业以后,严酷的市场现实会逐渐使年轻的设计师改变自己的观念,逐步建立市场观念,适应市场现实。这种转变往往很猛烈,也很痛苦。所以,在服装高等教育阶段,就应该使学生建立市场的观念,以适应就业后的现实,使自己所学的专业能够有切实的用途。

市场流通的服装,是按照流行的规则来运行的。服装是一个永远变化的产业,流行是一种永动的规则。所以,把握流行的规则,保持时尚的感觉,是设计师成功的保障。在服装的市场世界,形态纷纭,千变万化的设计,形成迅疾的流行。而流行的趋势又引导着个性的设计师们去捕捉某种共性。这看似悖论的景观,就是服装市场的现实,有待于年轻的服装设计师们去体验其中的奥秘,把握其中的真谛。

作为在流行大潮中的设计师,应该始终保持对流行的敏感和时尚的激情。需要把握国际、国内市场动向,流行趋势,时尚的风潮和事件,掌握流行的动态和消费流行的变迁。如果不去把握流行,你就会被流行抛弃,服装设计业就是这样一个美丽而残酷的行业。

(十)原创能力及组合能力

每一位设计师,都希望自己具有原创能力,但什么是原创能力?这是一个具有争议性,也是一个具有规定性的概念。

在20世纪现代服装盛行的时代,出现了很多具有原创能力的大师,而在21世纪的今天,伴随着社会和文化的发展,服装艺术和潮流也进入了后现代生态,即一个多元文化共生的时代。今天的网络时代有着海量的资讯,任何形式的创造都是见惯不惊,似曾相识。所以,现代服装时代的原创概念在今天的后现代共生文化时代便受到质疑。事实上,今天的服装原创已经表现为对多元文化、多样资源的主体选择和观念组合。对今天的服装设计师而言,没有什么具体形式是所谓独创,几乎所有的形式人家都用过了。只有在资源选择、组合中呈现的新观念才值得称之为原创。所以今天的服装设计师不要去冥思苦想原创的形式,而是要广泛吸收众多的资源,提升自己的认识深度、创意的能力和审美的趣味。你的设计如果能体现一种新锐的观念和独到的趣味,你就具有了原创的意义。

(十一)CAD操作及电脑互助设计

CAD是服装设计和排版自动化系统,这个系统极大地推进了服装设计和产业的效率,而且是现代服装业主要的生产手段。它可以帮助设计师解决人体建模、服装渲染、结构组合、图库资料以及自动排版、放码等问题。电脑辅助设计能够极大地提高设计速度和资源整合能力。每一位服装设计师都应该积极的掌握CAD和电脑辅助设计,以适应现代服装企业的生产方式。

(十二)外语、专业外语

中国今天已是全球第一服装生产大国,第一服装出口大国,已经成为世界的服装加工厂。中国的服装企业承接着大量的外贸订单,也进行着大量的贴牌和授权生产。在这些企业中,所有的图纸和工序说明都是外语。设计人员也需要经常与国外订户打交道,这都需要相应的外语能力。

随着国际服装时尚的传播,中国境内开展的国际性服装活动日益增多,服装文化交流日益频繁。国际服装传媒也逐渐登陆中国。今天的服装已是一个全球联通的产业,互联网上的服装信息也都是国际上通用的英语、意大利语和法语。因此,服装设计人员掌握普通外语和专业外语已是一种切实的需要。由于中国服装院校普遍开设英语教学,英语的应用领域也最为广泛,因此,服装专业的学生除了本科和研究生的等级英语水平以外,还需要增强服装专业外语的学习。目前,有条件开设服装专业英语的院校很少,服装设计师们应该通过自修和培训增强专业外语水平,这对提高自己的专业能力,方便与国际同行和客户的交流,有直接的用途。

法国是服装设计大国,现代服装设计也以法国为发源中心。法国拥有世界先进的服装高等教育系统,也有着高级成衣的制作传统。巴黎目前仍然是全球时尚发布的中心,作为重要的时尚中心城市,由巴黎发出的时尚信息和服装文化仍然影响着全球的服装设计潮流趋势。因此,服装设计师尤其是关注时尚前沿的服装设计师都应该尽可能地掌握相应的服装专业法语。

(十三)语言表达能力,人际沟通能力

服装生产是一种集体作业,服装产业是劳动密集型产业,服装业又是一种服务业,面对千千万万的消费者,是与人打交道的产业。

首先,服装是关涉人的,设计师必须关心人,关心各类型的人,了解他们的生活方式、审美趣味、消费心理、穿衣习俗,关心人们在想什么,他们族群间的共同语言共同爱好,了解人们的共性与个性,这样才能知道他们会接受什么样的服装。设计品牌服装者,必须了解你的品牌拥护者,你需要跟他们打交道交朋友甚至成为他们中的一员。而设计个性成衣量身定做的设计者更需要了解你的客户,甚至与他们成为朋友,可以交流多方面话题,甚至一些私密性话题,这样你才可以充分了解你的客户鲜活的个性,言谈举止,风采韵致,人物性格,这样你设计出来的个性服装才有生气活力,服装才与对象形合神同,甚而提升对象的着衣品位、服饰风采。而这都需要语言表达能力和人际沟通能力。

> 案例一:应聘初试的文秘。成都某房地产公司办公室接到电话,要求该公司立即派人赶到当地规划局开会,恰巧该公司的各部门人皆外出,老总急了,突然看到门外站着一位年轻女士,便问:"你是哪个部门的?"女士回答道:"我是来应聘考试的。"老总说:"你赶快赶到规划局开会,把会议的精神带回来。你赶紧看一下墙上,把公司的项目了解一下。"女士回答到:"我已经看过了。"到快下班的时候,那位女士回来,跟老总和各部门的领导做了详细的汇报。几天后,这位老总到规划局,那里的负责人对老总说:"你新招的秘书很有能力,不仅对公司的项目了如指掌,而且还主动征求我们的意见。"

> 案例二:设计师与客户。某集团公司委托一家服装设计公司设计员工服装,方案拿出后,该公司老总召集各部门意见,众说纷纭、莫衷一是,于是合同陷入僵局。该服装设计公司的首席设计师在向负责此项目的设计师了解了情况之后,亲自去见那家公司的老总,对老总说道:"我们的设计是非常认真负责的,在设计过程中,我们已经征求各个部门的意见,我们是站在公司整体形象高度去设计的。一千个人就有一千个人的服装趣好,但公司的整体形象是需要由你来决定的。"于是方案通过,合同顺利执行。

> 案例三:甲方与乙方。某星级酒店老总到一家服装设计公司为其员工设计服装,该老总财大气粗,口无遮拦,引起一位设计师的不满,便说:"你要做就做,不做就请出去。"该酒店老总于是带着几十万的生意去了另一家服装设计公司。该公司人员热情招待,殷勤备至,语重心长。于是很轻易地便签下了这笔合同。

(十四)环保意识,节能增效,社会责任意识

环保意识,是今日社会每个公民必须具备的公民意识和素质。人类已几乎完全进入消费社会。正是无穷无尽的消费欲望和需求,带动了整个社会的生产环链。人类这种发展模式给地球自身带来灾难性的后果。一方面,社会生产耗费大量的资源,其中有许多是不可再生的资源,如石油和天然气。如果全球每个家庭都拥有一辆私家车,那地球的原油资源就枯竭了。许多华贵的服装面料都是合成纤维,其原料就是天然气。另一方面,消费带动生产,生产促进消费的方式带来大量的废弃物,造成环境的污染。不可降解的塑料包装物,和海量的家用电器、手机,电脑用铅酸电池、锂电池污染,造成永久性的土质死亡,再也不能生长出植物。全球数十亿人平均每年扔弃废旧服装鞋帽袜及家纺用品可以填满几个西湖或日内瓦湖。人类每年消费的报纸卫生纸包装纸足以砍伐数千公顷森林。按美好生活模式标准的豪华家具需求,迅速削减着东南亚和南美洲的原始森林。然而,人类消费的欲望日益膨胀,人类的开发生产有增无减。

作为美好生活的设计制造者，每一位服装设计师都应该了解人类和人类赖以生存的地球的风险处境。首先，明白什么是美好生活，建立在资源浪费之上的生活并不美好。而从细节上、根本上保护生存的环境，使天空永远透明，森林永远长绿，河水永远清澈，空气可供深呼吸，这种环境才是美好生活的根本基础和保障，没有这个基础，就没有什么所谓的美好生活。

设计师给人类创造美好，就要从灵魂中注入保护环境这个根本意识。服装业关涉人类生活各方面，在服装材料学方面，可以了解并尽可能采用天然材料。在材料工程学方面，了解并采用生物科技成果，如天然彩色棉，可以避免棉纺后期整染工序对环境的污染，提倡开发采用传统的手工纺织面料，天然植物染料，手工针织，手工刺绣，及天然材料纽扣配饰。通过家蚕基因工程获取的免染丝绸，以及准确鉴别，正确使用合成材料中，少放射物质，少甲醛含量，少其他有含物质的面辅配料。

在服装功能上，可以了解采用耐晒、抗辐射、通气性能良好的材料，并考虑人与自然的和谐关系，熟悉人体工程，结构巧妙，行为方便，尽量免洗少洗免烫以减少排污排碳。

在服装美学上，强调天人合一，万类和谐，净化心灵，与环保净化绿化的主旨氛围相谐。提倡研究、继承各民族传统服装风格款式，强调本土化国际化的兼顾融合，反对极端主义，民族虚无消解，铺张浪费，炫耀财富，提倡简朴风格，节约资源。提倡多元文化共存，呼吁保持与本土民族生存环境、心灵方式、精神文化、生活民俗、语言行为相符的服装形态。这都是服装设计人员贯彻环境保护，生态保护宗旨的重要因素和根本立场。

节约能源也应该成为设计师的设计意识。对面料剪裁的节约，对工序程序的合理安排，对耗能耗材的计算，对服装相关的资源节约都是现代服装设计师的必备素质。

> 案例一：某酒店员工服饰全部采用免烫面料，只这一项就给酒店节约了大量员工服饰熨烫成本。
>
> 案例二：2008年6月，我国实行《关于限制生产销售使用塑料袋的通知》以来，到2009年间，全国超市塑料袋使用量减少了三分之二，减少塑料消耗约27万吨，加上其他销售场所可减少塑料消耗40～50万吨，每年可以节约石油240～300万吨，减少二氧化碳排放量760～960万吨。（人民网）

九 服装设计的创意过程

一件优秀的服装设计作品是如何具有神奇的魅力和通俗的语言以及奇妙的构思？服装设计创意过程的确是很难予以说清的，但服装一般的规律认识，以下几个方面是必不可少的环节：

(一)创意能力的培养

一个设计师要能够胜任创意设计，必须具备创意能力。在本书前述章节中，已经对创意设计的各种能力有所描述。在创意设计的过程中，我们要强调的是：第一，这些能力都是理论与实践的高度融合，切忌纸上谈兵。设计师要以心灵的观照，充沛的情感和敏锐的视角，倾心的投入来对待服装创意，这样才会有所获。第二，这些能力来自于高等服装教育的理论知识和实践常识，但这是远远不够的，服装创意设计不仅始终是一个鲜活擅变的过程，而且是一个永远没有止境的过程。所以创意能力的培养是持续的培养，创意设计的过程也是设计师不断提升自己的过程。在整个创意过程中，设计师应该有一个开放的心态，谦虚的态度，广博的胸襟和对业界权威的崇敬，才能不断地提升自己，否则随时都有可能使你的创意衰减，停滞不前。创意设计永远是山外有山，人外有人。你以为你很好，人家比你更好。

(二)创意设计的动力和智慧

　　创意必须有动力,但在没有竞争、没有风险、平安宁静的环境中,是不要谈什么创意的。创意就是要给世界做点什么与现状不同的事,你如果认为这个世界已经很完善了,也就没有必要创意了,当然也就没有动力。创意的动力又分为内在的动力和外在的驱动力。内在的动力是指利益主体的需求和创造主体的表现欲。而外在的驱动力则指环境和条件它者的参照和比较。

　　在内在动力方面,完全不必忌讳创意的利益需求,也没必要为了掩盖利益需求而张扬审美需求,更没必要为了强调审美需求而掩盖利益需求,这两种需求都是设计创意的根本需求。尤其是在市场形态的服装,完全没有必要去争论这两种最终都要化为创意的智慧。在消费社会中,设计师追求物质生活和财富是很正常的。但你要达到目的,你必须要拥有创意的智慧。在服装设计的实践中,有着商业动力和审美动力、物性的动力和情感动力、表现的动力。

　　商业动力是为了保障品牌获取利润。设计师提高薪酬,这是一种非常现实的动力。审美的动力来自于设计师自己的审美境界,这二者的动力生出了智慧。

　　物性的动力是设计师对物质属性的天然爱好和追逐,其中也包括了对昂贵的名牌、优秀的品质和生活中高尚品位的追逐。这是一个非常重要的动力,如果一个设计师你自己都不知道什么东西好,什么东西贵,什么东西超人一等、出类拔萃,你对这些标准就没有动力和追求,你就设计不出好东西。所以,作为一位优秀称职的设计师,也许你自己并不需要过高的物质欲望,但对高品位的物质性,必须要作为你追逐的一种动力。

　　创意服装无论是作为一种商业艺术或是一种独立艺术,都是要倾注情感的。你对其投入的情感越深,你的创意就越到位,这是一点都不含糊的。情感的动力往往是内在动力的最重要的因素。对待服装创意就像对待恋人一样,你爱他(她),就要对他(她)做出牺牲和投入。

　　只有动力是不行的,动力还必须转化成智慧,才能形成优秀的创意。那么我们所谓的智慧是什么呢?《荀子》对智慧的解释是,"知之所合,为之智"。指的是智力、智巧、智商、智能、智识、智谋等,这就是人的知识,说明了人越来越善于学习就越有智慧。就是一种认识,为之智;那么什么是慧呢?在佛经里对"慧"的解说是聪明的意思,破惑鉴真为慧,指的是认识真理,慧也就是认识的意思。佛教认为"慧能生根",故曰"慧根"。就是说人聪明不聪明,决定于人有没有认识的基础和能力。佛经里还说"慧眼鉴真,能渡彼岸",是说聪慧的人能够改变自己的命运。佛经《大慧渡论》里说:"鏊若者一切智慧中为第一,天上量比无等更无胜者,穷尽到边。"这是说最高的智就是"慧",所以从佛经体会,所谓智慧一方面有天生因素,另一方面还是要靠修炼得来。所以说人聪明不聪明,有没有智慧,就要多读书,多认识,这样才能比不读书的人聪明。那么在我们服装学院里,大都是学技术,未来的设计师们大都不爱读书,尤其是理论书。但是艺术发展到今天,视觉人文发展到今天,多念书、多认识,是有百益而无一害的,多学习社会知识,多学习人文知识,多开阔艺术界限,自己就会变得更加聪明,更有智慧。当代设计和艺术,已经进入了高度人文智慧的阶段,设计师和艺术家的创造已经超越了常规的质材和手段,而调集、启迪各种人文的智慧。

　　案例一:英国的艺术家安东尼·葛姆雷的作品《土地》,是到中国的广东雇了400个民工,用广东当地的红土交给民工自己制作泥偶,并给了一个规定:每个人有一个头、两个眼睛、两双手。在这宽泛的规定下,400个人制作的泥偶风格各不相同。把这几十万个陶俑一个挨一个排在地上,形成了一个巨大的阵营,当这几十万个小小的泥俑排在一起,形成巨大的效果,看起来就像是一片红土地,充满历史感、手工感。这些泥俑就变成了人,所传导的就是人。在作品面前,感觉到人的力量和生命的距离。这些作品都不是做的,而是通过生产的方式设计出来的。艺术家是不是必须自己做出来,应用现代的生产方式和技术可不可以成为艺术,这都是当代艺术实践提出的新概念。

案例二：艺术家谷文达在全世界很多国家的理发店里收集了各种人种的头发，用胶黏结起来，做成各个国家的国旗，悬挂成巨大的帐幔。这个作品就叫做《联合国》。谷文达对材料的选择很用心，因为人的头发是最能传达信息的。人死后骨肉全烂，但头发不会烂，可以在上千年的头发里提取人类的基因信息。谷文达还有另外一个作品叫《碑林》，就是在陕西历代帝王刻碑的采石场，打造最好的石碑。把碑上中国古典诗句翻译成英文后，又从英文译成中文。把这些经过文化解释和误读的文字刻在碑上，留给千秋万代。这其中他的含义是否已经超越了他的材料，他表明了现代东西方文化相互间的误读，也将成为一种历史经典。

以上这些艺术家他们的手段和表现内容，都是今天人类关注的主题。我们常说艺术的当代性，那么什么才是艺术的当代性呢？就是要用传统的或非传统的手段组成一种当代的语境，表现当代人生存的问题和所处的现实。然而，这需要高度的智慧。

创意的智慧能使设计师把握住当今人类服装文化的方向，审美的趣味和消费者的诉求。智慧是全方位的，它体现于一种整体的思维方式和思维习惯。智慧又体现在思维方式的通达和言论，以及灵活的应变。服装设计师的智慧因人而异，有个体差异，但更多的还是在服装创意的过程中磨炼出来的。正如佛经中说的，智慧是可以修炼的，在服装创意领域里，对智慧的修炼就是要迎难而上，明知不可为而为之。当你在困难重重、迷雾茫茫的阵地中去摸爬滚打、亲力亲为，你爬出来的时候，肯定就比爬进去的时候聪明多了。所以智慧的修得与否关键还是看你敢不敢爬进去。每个人的智商不一样，每个人的血质和天赋不一样，但有一点是肯定的，没智慧的人肯定是被动的，聪明智慧的人肯定是主动的。在服装设计创意过程中，这一点太重要了。面对一种创意，朦朦胧胧、呼之欲出之时；或面对一种结构，取之困难弃之可惜之时；在筋疲力尽，光明未现，退避即安之时，智慧永远闪现在那些进取者身上。智慧是磨炼的产物，一种智慧是用三倍的愚蠢和错误换来的。

十 创意图式的形成

人类的形象经验，一般产生于积累。所以对形象的判识都有着长年累积、习以为常的经验图式。人们在进行形象创意的时候，实际上是已经带动了经验中的形象图式，或者是在心目中盘算好了，要对这种经验模式进行修改、变异、否定、抽取或颠覆，实际上，设计师在图式形象之前，只是有了一个创作的态度和一种思想的方式或一种塑造的方向。在图式没有落实在纸面上时，始终是朦胧的。这种思想方式、创作态度和思想方向实际上就是设计师要采取的表现路线，或是写实主义、或是写实形态的、或是抽象的、或是变形的，或是荒诞组合。

根据创意的目标，或者是某种感觉，设计师开始形成朦胧的图式。这些图式只是具备形式的取向，及欲表现的意图，这些朦胧的图式是设计师对自己心中的形象进行记录，根据目的的不同，这些朦胧的图式和初具面目的服装形态，呈现不同的雏形。这些雏形出来之后，设计师会根据自己的取向，进行取舍，最后确定选择的取向，逐渐将结构明确丰富，形成相对完整的图式，即通常所谓的设计初稿。图式完成后，明智的设计师还要进行对自己图式的检省和审视，并且还要征求同行的意见。有的时候，往往彻底否定，完全抛弃原先的创意，而另起炉灶。也有时会经过好几次否定之后回到原来的创意上。有时柳暗花明，有时山穷水尽，有时踌躇满志，有时犹豫不决，甚至面对众多的选择无路可走。经过千番磨难，创意才会升华，这种升华往往是从超越的高度抛弃掉过去的思路和眼光、眼见。那些被理论家们说烂了的创作心态，"衣带渐宽终不悔，为伊消得人憔悴"，"众里寻他千百度，蓦然回首，那人却在灯火阑珊处"，仍然是十分亲切。

创意有了升华以后，你就会修改过去的图式，调整服装的结构，增补创意的不足，或者砍掉创意的累赘。当你所创的形式跟你追求的意境差不多相吻合的时候，你便充满了自信，坚信你创意的正确性。图式的完善是一个艰难的过程，有时来自客观的条件，更多的是来自甲方的意见。最终的图式只是相对完善而已，几乎没有绝对完善的创意，总是带着需要弥补而无法弥补的遗憾。创意的遗憾是可贵的，它留下的空间，永远刺激着你去追求进一步的完美。（图2-46~图2-50）

图 2-46　欧洲设计师异想天开的服装创意　　　　　图 2-47　设计师的创意过程

图 2-48　环保生态服装　　　图 2-49　怪诞的服装结构　　　图 2-50　人体纹身

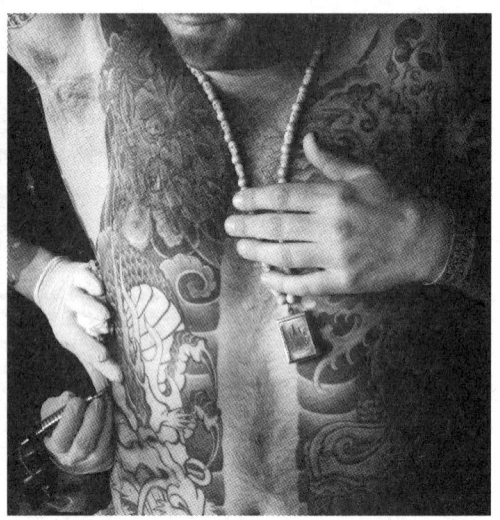

十一　什么是原创

　　在本章前面已经讲述了设计师应该具备原创能力和综合能力，以下我们从创意的角度来深入认识什么是原创及原创与综合能力之间的关系。所有的艺术家都想要标树原创，但是究竟什么是原创。艺术家、设计师们并未认真的从艺术史和艺术形态学、艺术认识论去细究原创的概念，其实人们用"原创"一词只是在表示艺术家相对独立的创造和不与业界雷同的形态。

　　艺术的"原创"概念，产生于古典主义和现代艺术，那个时期的艺术家相信真理是由个性来表达的，直到现代主义时期，艺术家仍信奉风格的不可取代性。现代主义发生于工业时代，即一战前到二战后这个阶段。现代主义从抽象主义到结构主义，经由超现实主义、达达主义、表现主义、极简主义，进而走到山穷水尽。到了二十世纪七十年代，由于消费主义和科技时代等原因，出现了以安迪沃霍尔为代表的波普艺术。艺术出现泛民主化，所有的现成品和商品堂而皇之地进入艺术殿堂。艺术的概念无限扩大，一切生活的品相皆可能成为艺术，于是艺术的原创性遭到消解。拼贴、复制、挪用的手法大量广泛存在。如果在现代主义时期，艺术还有原创，那么进入后现代时期，则很难确定什么是原创了。

服装设计具有很强的应用性和流行性，经典的现代主义服装如凤毛麟角，许多惊世骇俗的服装风格都产生于后现代设计生态。服装设计要考虑品牌和市场因素，受到流行趣味的制约，因此现代服装设计对原创性概念相对模糊，在现代艺术阶段有些设计师标树了一些原创的风格，但这些风格只是作为品牌的象征而存在。其旗下的具体产品则不断地变化。在这个过程中，原创性被新的资源所替代。所以服装设计这一艺术领域，集中体现了后现代的艺术生态和创作特性。在充满变数、资源爆炸、原创消解的后现代生态中，设计师如何保障自己创意设计的"原创"呢？他（她）们的武器就是"图式"。在众多的资源借鉴和组合中，形成自己的图式。这些图式也许人家已经用过，并非原创，但这些图式却带着艺术家和设计师特殊的视觉特征和独特的视觉魅力。在这层意义上，设计师创造出自己的图式就是自己的"原创"。比如中国现代艺术中，画价最高的几位画家之中，王广义的作品是典型的波普艺术，其图式来源于美国波普艺术家安迪沃霍尔和利希腾斯坦。他并不是原创，但这种图式却有着强烈的中国语境，因而获取了他图式的原创价值。曾梵志的作品是面具，其图式来自于德国表现主义贝克曼和英国表现主义弗朗西斯·培根。他也不是原创，但带有中国特定时期的焦躁、恐惧、不安与遮蔽，所以也具有了他图式的原创价值。梁明玉设计的服装《南国魂》系列，用中国的蓝印花布来做服装，这已经有两千年的历史了，把服装做成雕塑和装置形态，法国人使用过，意大利人使用过，甚至巴西的狂欢节也使用过，但这种材料和方法组合起来的图式却有一种强烈的中国文化意味和视觉冲击力以及现代气息，这种图式穿越了苦难的历史，而获取了精神的价值，因此，她的这种图式就是原创。

所以艺术家或设计师们应该在繁杂、混乱的图式之中保持自己清醒、探索、找寻自己的个人图式。在今天后现代的文化生态中，几乎所有的视觉经验、图式和方法，别人都已经玩过，要确立自己的图式关键在于自己独到的心灵关注、创意思想和艺术语境。一个成功的设计师就是要拿出自己独特的服装形态和视觉图式。虽然这个世界很共性，但视觉图式却是很个性的。如果你能拿出别人不可取代或者始终使别人步你后尘的图式，那么你的创意就有原创价值了。（图2-51）

图2-51 服装设计师的个人图式风格
——歌剧服装设计效果图。

梁明玉

十二　服装创意与毕业设计

当本科高年级学生或研究生接触到此教材时，也就快临近毕业设计了，毕业设计是对本科四年和研究生三年所学知识的总体检验。对学生自己而言，是学院生活和从业实践的转折平台。因为毕业设计集中了所学专业的知识和创意的能力，所以毕业设计是非常重要的。专业教授对毕业考核的目的是要检验所学知识的程度和应用能力，以及对毕业作品创意的期待值。在服装学院的常规教学中，毕业设计的课时是很充足的，也有很高的学分。在作品汇报的时候，除了专业教授考核的教师，一般还邀请相关服装企业、用人单位和时尚传媒机构来观摩。所以每一个服装设计专业的学生都应该重视自己的毕业设计。通常要求学生的毕业作品以系列的形式呈现，一般是六套到十二套，这是为了考查学生在一个创意母题之中，保持整体和制造殊异的控制表现能力，以使能在就业后适应服装市场和企业的品牌化、多元化。一般而言，指导教师不会对学生作品的风格和题目做过多的要求，有的学生倾心设计市场型服装，而有的学生则倾心艺术表现类的服装。应该因人而异，因材施教，考核标准也应有所不同。学生们的毕业设计一般是根据学习阶段中的作品经验，同时也来自于广阔的时尚资讯。最重要的是，每位学生要确立自己的创意设计定位，确立定位以后才能够进行具体款式、面料、工艺的实作层面。一般采取开题方案看稿会，由学生出示创意概念图，汇报创意的重点和基本方向，服装老师给予建议和修正。定位和框架方案确定以后，应该积极寻求材料，安排工艺制作。同时，尽可能完善设计效果图。毕业设计的效果图应该具备表现充分的、具有独立审美价值的设计效果图，和解决具体的问题的工艺图，尽可能使毕业设计的所有环节都到位。

　　应该注意的是，一个班级的同学所接受的教材、师资和信息资源都相似，毕业设计的定位方向雷同是经常遇到的事情。学生们应该相互交流通气，避免相同的定位和母题，以保障自己创意的独特性。确立定位以后，要面临的具体问题，就是对表现语言的驾驭。一般情况下，学生们出于尽量完善自己作品的意愿，会把各种语言都堆砌上去，这时最重要的是保持清醒的头脑，反之，从自己的特殊定位的角度去重新审视表现语言，找出最适合自己作品的有效语言。

　　定位、风格、语言，每一个学生都不一致。一般而言，评判的依据有两个倾向：一是针对市场和品牌风格的倾向；一是具有个人表现意图的倾向。这两种虽然也可能相互渗透，但为了教学的严谨和评判的公平，专业教授一般坚持两个倾向的可依循标准。比如，市场和品牌风格倾向的创意作品就应该符合相对的市场考量指标。艺术类的创意服装则依据其表现目的和表现语言客观标尺度。在作品雏形形成之后，学生应该主动邀约教授视

图 2-52　学生毕业作品

图 2-53　教授指导研究生的设计方案

察,听取教授的指导意见,以调整和完善创意设计。

　　关于毕业作品的资金投入、耗材等,教学双方都应该有一个合适的尺度。教学方应充分考虑学生的承受能力,提倡节约简朴,尽量避免铺张豪华的作品取向,鼓励学生调动创意智慧,花最少的钱,办最好的事。根据国内外的经验,毕业学生可以谋求各服装企业和品牌商家的赞助或助学金,必要花销还可通过助学贷款解决。虽然不提倡奢华、浪费,但也提倡保障优秀创意的物质基础,因为服装创意就是一个花钱的事业。学生对此应该有一个正确的判断。

　　学生能得到的制作材料资源毕竟是有限的,专业教授应该安排毕业生深入面料市场,寻求面料。学院也可以与各面料商形成长期合作的机制,掌握尽可能多的面料信息,以利于学生创意。学生在市场选择面料的时候,不应只是按图索骥,而是应该打开眼界,打开思路,用自己敏锐的触觉寻求各种资源,调整完善自己的创意。(图 2-52~图 2-54)

　　学生的毕业作品原则上应该独立完成,从创意到制作的全部过程,这也是考核的一个标准。在制作的实际过程中,有的工艺非学生智力和学院实力所能达,则必须谋求外协。专业教授不提倡学生只画设计图,而把所有制作委托加工,这样不利于考量学生的动手能力和处理能力。教授与评委应把这种因素加入考核标准。

　　工艺制作水平应该列入重要的考量。在这个方面,伦敦艺术大学服装艺术学院、法国 ESMOD 服装学院和上海大学巴黎服装学院有着楷模标准,值得各服装高等院校学习。严格要求毕业设计工艺制作水平,才能够靠近服装品牌和市场的真实需求。

图2-54　每一位服装学子都可能获得成功

　　在毕业作品创意和制作的整个过程中，毕业生应该把自己的心得和应该注意的事项认真地记录下来，以做总结和反思之用，并可将这些经验写入自己的毕业论文。

　　关于各服装院校的毕业作品，由于教学的多元化和各自特色也不尽相同，需要学生通过相互观摩，和校际的相互合作，互通优长。各服装学院根据自身的教育特点和地域文化特色，强调服装教育的创意特色和专业教育特色，也是非常值得提倡的。学生应以自己学院的学统为荣，吸取学院的教学传统和教授的创意专长。各服装院校之间、国际院校之间可以通过学生作品的交流展示扩展学生的创意视野，吸取相互的教学特色，以适应服装业的全球化趋势。

　　服装制作完毕，就到了令每一位学生都兴奋激动的时刻，即作品的展示。这个过程仍然是不可忽略的，毕业生应该对自己的作品做到心中有数。绘制一些服装穿着示意简图，交代给模特和穿衣工，尽可能把自己的意图传达给表演者。毕业生应该在后台盯住自己的作品，不要只顾去前台观看效果，而忽略了后台的环节。任何一个细节的闪失，都可能造成自己展示的遗憾。当掌声响起，手捧鲜花时，你应该记得与同学们分享你的快乐，你应该对帮助你完成毕业作品的每一个人，都心怀感恩，并叩谢你的导师。每一位服装专业的毕业生都可能成为未来的大师，然而每一步都需要踏踏实实地走稳。

思考题

1. 素描、色彩、人体速写这些造型基本功对于服装设计师有什么作用？
2. 在服装效果图的创作过程中，如何理解人体、造型和服装表现效果之间的关系？
3. 服装效果图的作用和特性。
4. 服装尺码、体态、行为对于设计师有什么作用？
5. 为什么服装设计师必须要具备动手能力？
6. 在现代化的高科技的成衣产业条件中，为什么还要强调设计师的动手能力？
7. 为什么说环保材料是未来人类面料服装的大趋势？
8. 为什么说敬业精神和团队意识是服装设计师的专业素质？
9. 如何理解平面裁剪和立体裁剪？
10. 为什么设计师需要把握成衣市场的价格？
11. 怎样理解原创和选择组合？
12. 节能和环保在服装设计中有什么手段？
13. 如何培养服装创意的智慧？
14. 如何认识毕业设计和将来就业之后的设计工作？

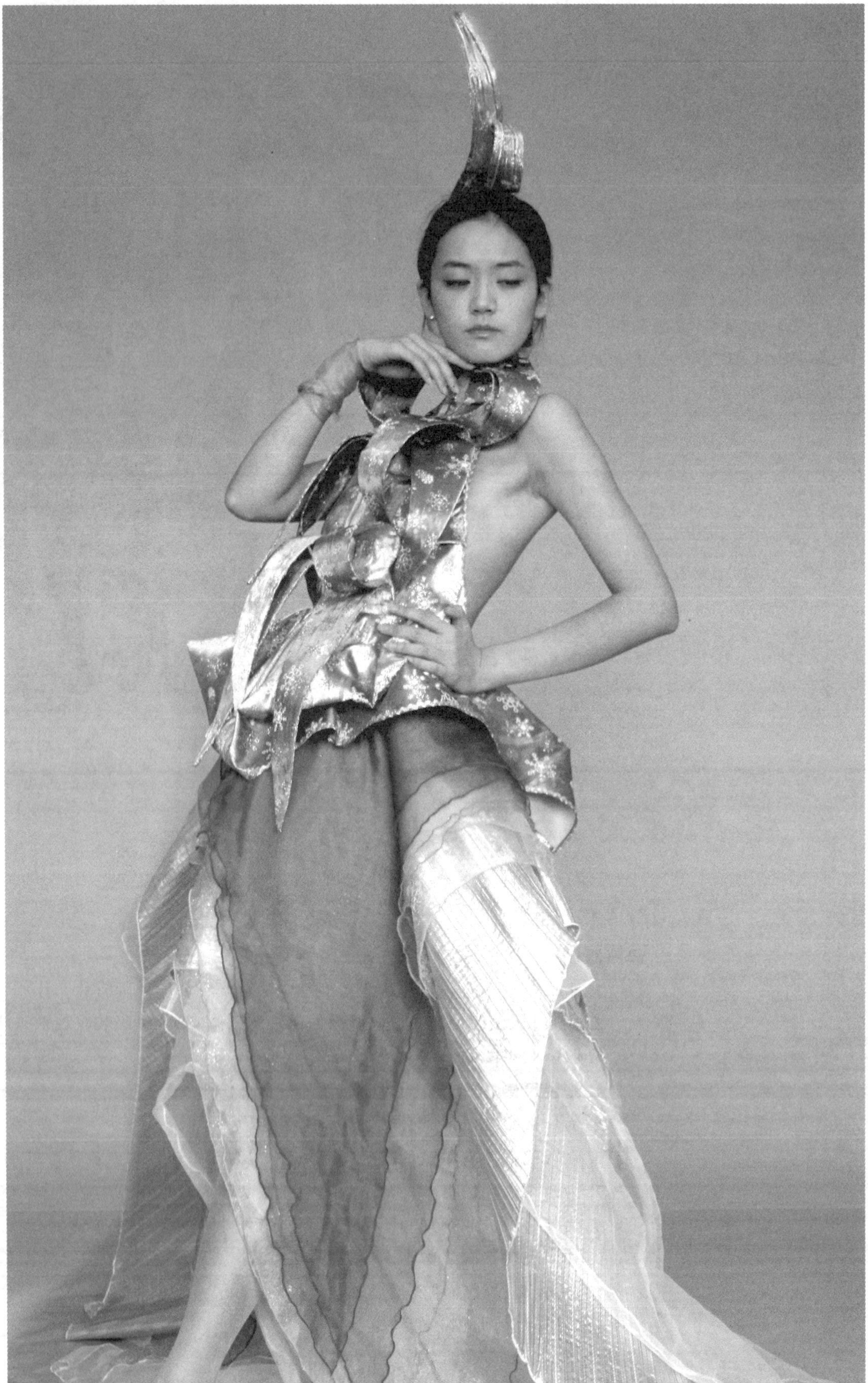

高等院校服装专业教程
创意服装设计学

第三章 创意设计是服装设计的根本保障

一　服装是人类永恒的需求，创新是市场的赢家

衣食住行是人类的基本需求，也是永恒需求。除此之外，所有需求和产业都可能会改变或衰落，但与衣食住行相关的产业却永远是朝阳的产业。

服装伴随着人类的发展进步，服装的历史就是人类的历史。岁月逝去不返，今天人们对历史的认识，对古代社会、生活、文明的了解，对历史的记忆都是通过出土或传世的文物遗迹来把握的。对古人的风仪和生活习俗的研究及追忆主要是通过传世绘画作品和墓穴、佛龛、壁画的服饰记载，通过古人的服饰来判断认识当时社会的文化和生活形态。所以服装史的作用是广泛的，是研究人类历史上政治制度、社会规范、礼教仪轨的真实凭据。同时也给当代服装设计师提供了丰富宝贵的服装资源，启迪着当代设计师的设计思路。

从人类服装形态的发展和流变中，可以洞察人类精神需求、文化形态、审美心理、消费趣味的轨迹。古代的服装形态是受制于皇权等级制度和礼教规范的，服装根据阶层属性、社会地位来制定。同时也是根据地域性、部落、族群规定来制作，所以古代的服装赋予社会规定和自然属性。

现代服装的起始伴随着工业社会、资本主义科学发展和民主制度的建立。民主社会使人类的服装不断消解，阶层的差异，由皇权的服装形态逐步转变为一种审美类型和文化遗产。现代社会使人们的行为和风仪完全区别于农耕社会和古代社会，生产方式和生活方式都出现了巨大的变化，使人们的工作频率更加快捷，行为更加自由。服装形态更需简练和实用，服装生产的方式也由传统的量身定做，家庭和作坊制作转换为现代工业生产，和批发零售的规模销售方式。服装迅速成为大众文化和民族文化的类属。而大众文化和流行文化借靠传播和发展，所以现代服装就是由工业生产、销售网络、文化传播、品牌经营、流行趋势、消费选择等因素构成。

服装是人类永恒的需求，每一历史时期的服装其形态变化，表现了不同时期，人们对服装的不同需求。在今天的消费社会和产业环链中，服装的流行变化标志着人们越来越迅疾的服装需求和服饰趣味。当今社会有三宗最大的轻工产业：一是首饰及装饰品，第二是化妆品，第三是服装。这三个产业支撑着人类的现实生活和求新的欲望。这三宗产业大部分是由女性来消费的，因为女装是现代服装的主要形态。每一位女性都有满橱的服装，但每一个女性永远都在报怨差一件衣服。

从经济学角度来看，衣食住行的基本需求是经济运行的基本保障。尤其是在经济衰落和经济复苏期，服装产业都是推动经济发展的一个最佳选择。

从社会学角度上看，服装需求是人类社会阶层类属的表征。社会的每一个阶层在不同时期都有着自身的服装需求。

从文化学角度看，服装产业发展至今，已经远远超越了保暖、蔽体的实用性功能，而全面进入了文化消费、趣味消费、时尚消费、审美消费。随着这些消费的需求增长，服装也有着永远的市场需求。

从环境保护的角度看，服装业基本上是一个没有污染的产业，它适应在各类城市生存展开。

从社会稳定的角度看，由于服装行业是一个劳动密集型产业，它带动的相关产业也很广泛。对人口众多、就业艰难的中国而言，无疑是一个非常合适的产业。

综上所述，服装有着永恒的需求，而服装产业的前景和枢纽就在于针对永恒的需求而不断创新。

二　创意设计与市场指标

在以上的章节中，我们已经明确了现代服装的创意设计是要依托于市场，因而市场的指标便成为服装创意设计的活考量标准。消费者接受服装产品是通过各种类型的市场进行不同的选择。市场的接受和消费者的选择

是服装设计师的现实成功标准。服装品牌和服装企业必然是要追逐利润的,服装设计师的作品在市场上的销售业绩,是品牌和企业的利润保障。

通常的市场指标见于销售报表、销量排行榜、具体款式的销量途径。服装产品的品质指标,则见于纤维检验指标、质量认证指标、环保指标以及相应的企业生产成本指标、库存指标等,这些指标虽然不与设计师见面,但却是对设计师的考量标准。

三 谁穿你的衣服——创意设计的定位

服装设计师要想把自己的设计推向市场,首先应该对自己所属的品牌、风格、产品定位了然于心,并要通过尽可能细致、全面的市场调查,确定你的产品的消费者层面,必须知道谁穿你的衣服。

一般说来,服装市场和服装形态分为大众和小众。大众服装形态有如下内涵:1.符合中低层收入层面的消费能力;2.批量生产,产品具有互换性和通用性;3.售价、成本和利润相对低廉;4.服装形态具有流行性;5.款式风格能适应多数消费者的趣味。

小众服装有如下内涵:1.具有明显针对性,针对特定阶层和族群人士的着装趣味;2.批量小;3.时尚感和创意性较为突出;4.售价成本和利润相对高;5.服装形态富于局限性和选择范围;6.款式相对新奇。

依据服装接受的层面,服装市场分为批发和零售。批发市场以多量和低价、周期短为特征,一般按中心城市和卫星城市为中心形成梯级的批发市场。零售市场则分大型商场、服装专柜和专卖店三种形式。服装厂商、品牌代理商与大型商场服装部实行分账式销售。专卖店则是由品牌商或代理商独家经营。连锁店则由代理商加盟,各级销售都有约定的价格,以及销售风险的承担方式,每一种销售方式都有它的利润空间和风险所在。服装设计师必须了解服装产品的销售渠道和方式及其价格空间,方能够在允许的成本空间中展开自己的设计。

服装的年龄层面虽然有生理年龄的规定,但一般是用文化层面来划分年龄阶段,如当代中国的年龄层,一般按十年一代,40后,通常被划作传统文化类型;50后,通常指经历复杂,责任重大,思想开放,信念坚定,命运沉浮的一代;60后,通常指文化错落、实用主义、跟着感觉走的一代;70后,通常是指漂泊无根、随遇而安、青春残酷的一代;80后,通常是指卡通动漫、时尚追星、科技生财、精神失落的一代;90后,是看不出来的一代。每一代人都有他的社会观、文化观、消费观,对服装业都有他们独到的理解和流行方式。

从社会结构上观察,在今天的消费时代和多元的社会结构中,有各种阶层和族群,有蓝领、白领,有城市居民、农民、城乡结合部族群。从生活方式上观察,有职业、休闲和另类。从文化观念上观察,有保守的、开放的、综合的。从教育程度和知识背景上来观察,有知识阶层、亚知识阶层、非知识阶层。从宗教信仰来观察,不同的宗教信徒都有其服装服饰的规定性和特征。

社会是多元复杂的,文化是多元复杂的。服装正是多元的社会和多元文化的表征。服装设计师应该是一个社会和文化的观察者和捕捉者,用他(她)的画笔和剪刀塑造充满生机的、缤纷灿烂的世界。

四 流行趋势

对流行趋势不同的角度有不同的阐释,我们可以分析消费者、服装设计师、服装商、传媒与时尚制造界不同的流行趋势概念。

消费者的流行趋势概念是消费时代的万花筒和走马灯。作为接受者,消费者的流行趋势概念是在市场和品牌的商业文化状态中形成的,同时也是从时尚传媒对流行趋势的鼓吹和张扬中得到的。消费者对流行趋势的接受、适应和再传播,作为一种反馈的动力,推动着服装商、服装设计师、传媒与时尚界制造的流行趋势。

服装设计师的流行趋势概念,是从创造的角度通过对消费者的时尚趣味、消费心理和观察捕捉融合自己的主观意识和艺术创意,并遵照商业的规律和市场的实践而推出的新创意、新形态。由于上述各种限制,作为创造的设计师的流行趋势概念,不是以纯粹的艺术导向,而是以市场现实和消费心理紧密相扣的一种引导形态为导向。

服装商的流行趋势概念,是以利润目标、品牌形象紧密相扣的一种永久性驱动。流行趋势在服装商那里是一种生产力和制造销售业绩的法宝。

传媒与时尚制造界的流行趋势概念:要明确传媒的流行趋势概念则必须要明确传媒的性质。消费社会中的传媒是一种社会生产力。传媒机构是一个企业,必须通过制造收视率来获取利润。传媒的性质是不做价值判断的,传媒的产业性质就是把声音放大。由于传媒的这种产业性质,掌握了消费社会中的几乎是绝对的话语权。在传统社会中,文化话语权掌握在文化权力者手里,经由教育手段和过程与生活习俗来传播。比如该怎么穿衣服是由家庭和乡邻习俗、社会礼仪规范来指导的,而现代社会则几乎是由传媒垄断。但由于传媒的工具性质和无价值判断的性质,所以传媒制造的流行趋势概念便体现为没有语义的语言、没有内容的形式,往往是天花乱坠、五彩缤纷、姹紫嫣红、不知所云、莫衷一是。

消费者、服装商、服装设计师、传媒以及其他时尚制造者以不同的动机和目的共同营造了流行趋势。所以认识流行趋势不能从任何一个单面来理解,应该把它放在特定的处境和语境中去认识。

(一)消费心理

服装的消费心理是千差万别的,可以说是一个庞大的系统。虽然一个设计师不可能全部洞察和了解,但对服装的消费心理应该尽可能充分把握,这有助于自己的服装适合多样的消费心理,尽可能拓宽自己的设计适合度。服装消费心理有如下的成因:

1. 社会成因

服装的社会属性决定了服装消费的社会成因,每一个时代都有总体的服装规定性。比如"文化大革命"时期,整个社会处在一种精神亢奋状态,那个时代人们把政治当成信仰,生活以艰苦朴素为荣,全国人民的服装都是半军事化,强调统一性、革命风采和艰苦朴素的工农兵本色。在色彩上,适宜人们的只有三种颜色,一是军绿色,二是蓝色,最后是灰色。所有的装饰都是红色,而且大人、小孩、老人都一样。"文革"时期的服装是最典型的、最广泛的社会共性。

改革开放以后,西方的服装设计师如皮尔·卡丹等把流行趋势和服装时尚的概念引进中国,使中国的民众接触到国际化的、现代意义上的服装概念和时尚概念。三十年后的今天,中国人的服装以逐步同国际接轨,呈现出全球化和多元化的服装景观。

在现实社会中,种种社会规定导致了服装形态的差异,比如社会体制和职业类属的规定。从国家领导人的服装风格可以看出社会的发展和变化。文革后期,所有的领导人在公共场合都是身着中山服,而今天的国家领导人都是西服领带,这体现着中国的改革开放和社会进步。国家公务员的服装和普通百姓的服装也是有着社会规定的区别。随着中国社会大量的农民工进城,以及农村土地大量征用后,出现的"农转非"现象,城市与农村的服装景观正在相互影响。

2. 族群成因

服装的族群成因在农耕社会和宗族社会中最为明显。在今天受到保护的民族地区还保留着服装服饰的族群特征的风格。随着现代社会的工作方式、居住方式、生活方式的变化,传统的族群成因正在减少,而形成了受流行文化和职业、生活状态因素影响形成的现代族群。如打工族、月光族、京漂族、单身贵族、驴行族、靓车族、闪婚族、QQ族、宅男宅女族、卡通一族、AA族等等。这些新的族群都有他们共同的嗜好和审美,服装消费也有着共同的服装消费心理。

3. 性别成因

世界只有一个,人类却分男女。造物之始,古往今来,宇宙阴阳交序,世间男尊女卑,如此违规失衡,人类却不察觉,以为天经地义。现代文明启蒙,始有男女平等,然权有不公,势有强弱,财有不均,雄殊雌别,空间阔窄,观念畅闭,男女纠缠,实为人类巨大矛盾,永恒话题。男性和女性的服装消费心理也有殊异差别,由于长期的男权中心主义的人类社会结构,男性的消费心理包含了下列一些因素:权力、财富、中心、雄强、轩昂、稳健、不苟变化、内蕴、简朴、象征性等,而由于女性处于长期的男性权力中心社会,始终是被注视的对象,所以女性的着装基本上是给男性看的。这就决定了女性服装审美的被动性、妩媚、温柔、贤淑、规矩、柔美、华丽、纤弱、矫饰。进入现代民主社会以后,社会文明促进男女平等,男女两性的服装产生了一些变化,男性服饰业开始温柔平和,而女性服饰也开始刚健独立,也出现了一些处于两性之间的另类服装,即通常所谓的中性取向。

在服装消费中,男性的消费趋于理性,一般注重服装的财富,社会身份的象征性和功能、人际等作用。对服装的审美属性和艺术语言较少考究。男性对于服装的选择也比较果断,一般只重原则不重细节,但具有优雅品位和礼教规范的男性则除外。女性的服装选择心理则主要借靠感性。几乎没有什么理由,女性花在服装选择上的精力比较多,为了一件服装,可以反复去商店,买回来以后,也不一定经常穿,合自己心意的款式可以买好几件。所以女装的变化是最迅捷的,也是最丰富的。女装是设计师发挥创意才能的主要领域。

4. 个性成因

人是群居动物,但是由千千万万个体组成的。在现代社会中,虽然人们被种种共性束缚,但几乎每一个人都喜欢表现和张扬自己的个性。人的个性的形成有很复杂的因素,甚至是从遗传基因中开始的。每个人都有不同的性格,而性格决定了不同的人生。每个人有不同的血质,决定了他(她)不同的品性、语言方式、表情方式和行动特征。每个人有不同的经历,生活中某一个偶然的事件,会决定人的一生命运。每个人接受教育的程度和方式都不同,也就有不同的知识结构和心理结构。每个人有不同的审美观,他(她)喜欢的你不一定喜欢,众人都喜欢的,个人不一定喜欢。

服装设计师应该了解消费心理的共性和个性,在现实生活中某些个性其实是可以归类的。设计可以通过对个性的归类进行适合性的创意。也有不可以归类的独特的个性,设计师可以根据对这种个性的了解进行独特的设计创意。

5. 生活习俗

人类的传统是怎么延续的呢?就是靠习俗。习俗就是一代一代的人的传承。在这种传承中,人们一般不会去追问其中的道理。作为一种生活的规矩或习惯,自然地会向后人一代一代地传下去。如伦理的传统,个人修养的传统,生活常识、审美的经验都是这样。着衣的习惯和服装的知识同样如此。对时尚和流行的接受也是这样,绝大部分人是不会去追问时尚与流行的道理,只是觉得大家都这样穿就应该这样穿,"时兴"就是决定的标准。如果你不加入"时兴",你就被时代和生活所抛弃。所以习俗也可以说是一种盲目的惯性,作用于服装消费心理。作为服装设计师是要通过作品给予生活以新意,往往会受到习俗的拒绝。应该怎样来看待习俗呢?首先应该尊重习俗;其次应该启发和引导突破习俗。这是一种辩证的关系,取决于你把握的尺度。

6. 消费能力

消费能力是决定消费心理的极为重要的因素。因为人总是生活在现实的经济状况中。审美和艺术往往遭遇这样的悖论,通常认为审美和艺术是超功利的,与金钱无关。但当一个人处于拮据的处境,却是不可能进入超功利的纯粹审美。在商业的审美和服装的艺术中,价格和价值往往是一种能动的审美和创造因素。消费者在选择服装的时候,非常自觉地将服装价格跟审美选择联系在一起。一个高明的服装设计师会调整价格、价值与审美之间的关系。比如使相对低廉的价格呈现相对高端的品位,也会使相对高价位的服装呈现朴素的面目,这些都是设计的手段,也是调集各种不同消费心理的方式。

7. 文化修养

服装就是文化,文化从来就有高低、雅俗之分。人的着装是跟他(她)的文化素养有直接联系的。大部分的人和服装从业者都认为服装是人体的包装,其实这个概念不准确。这只是服装外在的属性,从文化学和哲学的高度来认识,服装是人的内在精神的外化(外在表现)。通常判断某人是否有文化,这是从其受教育的程度,涵养和文明习惯是可以直观的表现出来的。正因为上述的服装"内外"关系,服装的豪华高档跟穿着者的文化教养并无直接关系。有文化的人、没文化的人都可以穿的豪华高档,但人的修养举止与服装形成的协调、气韵却完全是不同的。服装穿着的所谓雅俗之分,有多重含义,但主要是指穿着者的文化品位和文化气度的分殊。"雅"的标准,是指高贵典雅、品格尊贵、气韵独到、超凡脱俗。"俗"的标准是相对于"雅"的不足,而不是指广泛的大众标准。当人们评判某人穿衣"俗气"的时候,一般是指他(她)不够雅的标准,同时也是指他(她)不够大众的标准。因为大众的"俗"是通俗,而"俗气"的极端则是"恶俗",其性质是不同,不能混为一谈。"俗气"还有一层意思,就是穿衣者内在的文化品位不够而偏要装扮文化品位,透出了内在的空虚和外在的荒诞。

8. 审美取向

审美是没有绝对的客观标准的,但艺术规律是有客观标准的。每个人都有自己的审美取向,不能强求一致。如果一致了,也就没有审美了。但每个人的艺术鉴赏能力是有高下的。因为艺术能力必须要通过训练的,而审美能力却是天生的。常常听人们说,我没有艺术水平,但是我会欣赏,这是一个最为普遍的错误,你没有艺术水平怎么会欣赏呢?所以大部分的消费者有审美的本能和取向,但谈不上艺术欣赏。艺术欣赏包括对服装的欣赏和鉴别,这是需要通过教育和训练的。专业的服装设计师就是要用专业的设计去引导和培育消费者的欣赏水平和鉴别能力。由于服装设计在中国还是个很年轻的行业,中国的服装行业几乎全是由前店后厂的作坊式发展起来的。中国有上百万的服装企业和服装制作个体工商户,能有专业设计师的有多少?没有多少。可以说,中国的服装行业大部分都是经验型的。完成原始积累后,这些企业都会向现代企业转换,所以,专业设计师特别是有创意能力的专业设计师大有用武之地。目前,中国的服装市场上充斥着大量的低品位的,甚至是恶俗的服装。这是因为中国企业和市场的现实所致。当市场成熟以后,企业成熟以后,所有的便会由专业的设计师主导市场。消费者想买低品位的、恶俗的服装都买不到。所以,服装审美趣味是引导的,服装市场是提升的,人们的服装消费水平也是由低到高逐步提升的。

9. 色彩刺激

人们感知世界上所有的事物,首先都是从其形状和色彩观察的,所谓"形形色色"就是这个意思。人们对色彩的感知是依靠视神经对于外部颜色的接受。色彩是什么?色彩就是不同的光波,不同的颜色就是不同频率的光波,视神经对于这些不同频率的光波的感受传导到我们的大脑皮层,产生出感觉的兴奋。色彩是被感知的,没有纯粹客观的色彩。色彩的审美效应都是产生于主观的感受和客观物体的感应。在审美判断和艺术创造中,人的主观意识对色彩的感知是感性的。一旦人们用理性去判识色彩,色彩便会失去生机。这跟色彩的光谱分析和颜料工厂制造颜料的科学方法完全不同。

色彩对于人的感知就是一种感性刺激。自然界的色彩,与人的心理、情感有一种同位的关系和各种对等的属性。就是说不同的颜色和色彩关系可以对应和象征人的某种情趣和情感状态。蓝绿青色系使人感觉清凉和冷寂,故称为冷色系。红黄橙色系使人感觉热烈、激情和明亮,故称为暖色系。除此之外,还有很多复杂的色彩与人的复杂心境相投合。因境而变,因人而异。

在服装色彩的运用中,设计师和消费者对服装的表现与选择第一感觉就是色彩,因为色彩的传导最快。不同性格的人在不同的处境中会喜欢相异的色彩,特殊的环境和季节也会引起人们对色彩的相同关注。

在服装的流行系统中,产生了流行色概念。流行色的概念也是一个多维性、多义性概念,产生于消费者和制造商、设计师对服装色彩、家纺色彩周期性的流行形态的认定。虽然传媒、商家和研究机构多有发布流行色的趋势,但这种发布也不是决定性的。大多是对流行周期、流行规则的大致把握和预测。对服装设计而言,流行色具有一定的意义。它可以提供色彩周期的积累和比较,从而促进对设计产品的色彩定位。因为色彩审美的多样性、消费心理的多样性、传媒和商家推出的流行色不会绝对的准确和应验色彩流行的真实状态。所以对流行色概念的理解只能从总体趋向、潮流的角度去理解。在传播的流行色共识之外,有着广阔的色彩天地。

10. 面料质感

在服装的消费心理中,面料质感也是一个最为重要的决定因素。面料的新奇、舒适和档次往往是人们消费服装的首选因素。经常可以看到这样的情况,打开某位中年女士的衣橱观察她历年添置的服装,往往会发现,变化的是面料,而款式是相对不变的。这是一个普遍的现象,可以看出消费者对面料的器重和讲究,对款式的偏好和固守。

对面料质感的把握可以从以下几个方面来认识:首先是面料的种类,纺织面料大致有棉纺、毛纺、丝织、麻纺、合成纤维、混合纤维。按制造方法分为梭织、针织。每一种面料都有它独特的质感,这种质感可以有很精微的层次。比如毛纺又分为粗纺和精纺。粗纺里又有形态的粗放和触感的细腻。精纺可以达到细如棉纤。梭织的棉布按经纬的疏密又分低支和高支。低支轻柔通透,高支硬朗柔滑。麻纺和丝织都各具风光。麻纺有圆实和厚重的触感,重磅的丝绸,悬垂光洁,还有薄如蝉翼的绡、飘逸华贵的绸、神秘朦胧的纱。合成纤维更是倚靠高科技,不断创新的高仿真,神工鬼斧、真伪莫辨、胜出一筹,抑或塑造科技和人工感,冷艳魔幻、无奇不有。面料的世界博大精深,今天的高科技纺织技术可以将多层肌理、多种效果织为一体,也可以将各种材料交叉混合,变幻莫测。设计师可以按照自己的创意去设计面料以达到自己的意图。数码技术的应用更使面料工业争奇斗艳、流光溢彩。海量的面料资源,任凭设计师巡弋驰骋。

美感由发现而诞生,创意由异想而成真。对面料的"世界"、面料的质感的熟悉和如何把握是设计师的成功秘诀和制胜法宝。

11. 款式趣味

款式是设计师创意的最终结果,所有的艺术才能和服装观念、服装趣味都要落实到款式上。消费者对品牌的认识也最终落实在具体的款式上。一般说来,服装款式有相对稳态不变的所谓经典款式。比如男装的西装、夹克,风行全球百年不变。西装由西方的马车夫服装演变为今日公认的礼仪正装,包含了历史的沧桑和文明的共识。受流行驱动的款式,无穷无尽的变动,变化成了它的美学核心。款式的变化趣味成了女性消费者的永恒的话题和无尽的追求。款式的趣味千变万化、无穷无尽,有多少消费者就有多少趣味。今天的服装款式几乎已经结束了原创的阶段,而是各种资源的拼接、组合。构成服装款式趣味的有独特的结构特征和局部的特殊别致。比如:蕾丝是欧洲的特殊工艺和形态,可以表现出闺秀的优雅,合叶花边具有装饰的趣味和浪漫的情调;编织流苏来自于吉卜赛民族,有浪漫不羁、云游潇洒的美感。褶皱的工艺可以使平面的面料呈现出凸凹的空间,增强立体的视觉。明线体现出干练精明的精神气度。低胸透背是从西方晚礼服和泳装综合而来,可以体现女性肢体的妩媚性感。所谓趣味都是体现美感,女装的暴露都是为了体现性感,所谓要风度不要温度。比基尼泳装就是将面料和选材降低到最低极限,最大程度的表现女性裸体的美感。

12. 品牌魅力

服装产业发展到今天已经进入品牌时代,品牌是大部分服装消费者的选择依据。品牌的内涵是设计、质量、知名度、责任度、销售排行榜。许多人穿衣服从不讲究款式和适合,只认品牌,这有点像足球明星、电影明星崇拜。品牌崇拜是现代人的消费心理依据。服装的品牌在二十世纪一百年间创造了神话般的奇迹。巴黎香榭丽舍名店街云集着世界顶级品牌,吸引着全世界的豪贵,所以说全球的发展,拉平了世界的消费。顶级的品牌正在逐渐失去它的信仰者。应运而生的是中产阶级典雅趣味的成衣品牌,如阿玛尼、洁丽雅、范思哲等风靡全球。这些品牌制造着商业奇迹的神话,拥有年销售数百亿欧元的业绩。支撑这些品牌的是设计师的创意和知名度。雄厚的财团资金、庞大的消费网络和先声夺人的广告,所有这些构成了消费时代的品牌文化和氛围。品牌成为消费文化的经典和话语权力。千千万万一线品牌占据了全球的百货公司和服装超市。品牌印制在每一件T恤上,品牌符号穿在亿万青年的身上,成为流动的广告和生活指南。消费时代就是一个品牌泛滥的时代,残酷的商场上,品牌生生死死,此起彼伏,"城头变幻大王旗"。任何理论都不能完全阐释品牌的内涵和机制。品牌以它无穷无尽的魅力主宰着人们的生活。

在今天的服装文化中,品牌已经成为阶层和社会身份的象征、服装语言的关键词、服装产业的指南针、设计师的座右铭、消费者的身份证。

13. 广告影响

传播学和消费心理的统计证明，服装消费者对服装的信赖大部分来自于广告。在消费社会中，人类的独立判断和自主选择能力退化，生活的标准化、消费的超市化给予了生活极大的方便，同时也消解了人的独立思考和选择能力。广告的效应正是建立在这样的基础之上。人们对服装广告的信任实际上是对广告营造的文化气氛、审美价值的认同，但不一定是对产品本身的认同。所以服装广告往往是通过营造一种生活方式和优雅的气氛赢取消费者心理上的认同，以达到其盈利的目的。这也是广告的艺术所在、魅力所在。明星和名流的对于服装品牌的代言，是借助了消费者对明星的认同与好感，以爱屋及乌达到对服装的认同。在消费社会和流行文化中，广告的魅力是一种有效的促销方式。

14. 个人偏好

在消费时代，个人的偏好往往表现为特意与众俗拉开距离，呈现个性成为坚持偏好的正当理由。设计师应该把握偏好和众趣的关系，应该理解和尊重个人的偏好。总的说来，个人的偏好有两种动因：一是由个人的心理原因，性格而决定的。另一方面是为了张扬这种心理和性格而坚持的。理解这一点是很重要的，设计师可以帮助着装的个人偏好者表现他（她）的个性，也可以使偏好者保持与大众趣味的平衡。有很多心理学的实验，证明偏好者的动机和处境在消费社会共性处境中，保持和尊重个人偏好是推进服装文化的一种方式。

15. 信价比较

服装受潮流的影响，各品牌和厂家的产品一般说来都具有现代化的生产条件和质量检测。服装不是什么高科技，所有的产品相差无几。消费心理的信价比较一般是在同样的商品中，选择质量、诚信和价格比较高的。比如产品的可靠度、价格的优势以及售后服务，这些都是消费者的比较尺度。

五 变化与追求——创意无止境

服装的流行传播是永恒的，消费者永远差一件衣服。物质的欲求和审美的需求制造了时尚，作为时尚先锋的服装创意，由追求而变化，由变化而追求，永远无止境。时尚没有目的，时尚就是永恒的变化和追求，而流行就是这种追求和变化的过程。设计师必须适应这种变化，从而建立起一种思想，在服装世界里，所有的事物都是变化的，唯一不变的就是变化本身；所有的创意都是要变化的，唯一不变的就是创意本身。

思考题

1. 市场的需求与设计师的创意是什么关系？
2. 简述族群生活方式与服装设计的定位。
3. 流行趋势的成因有哪些方面？

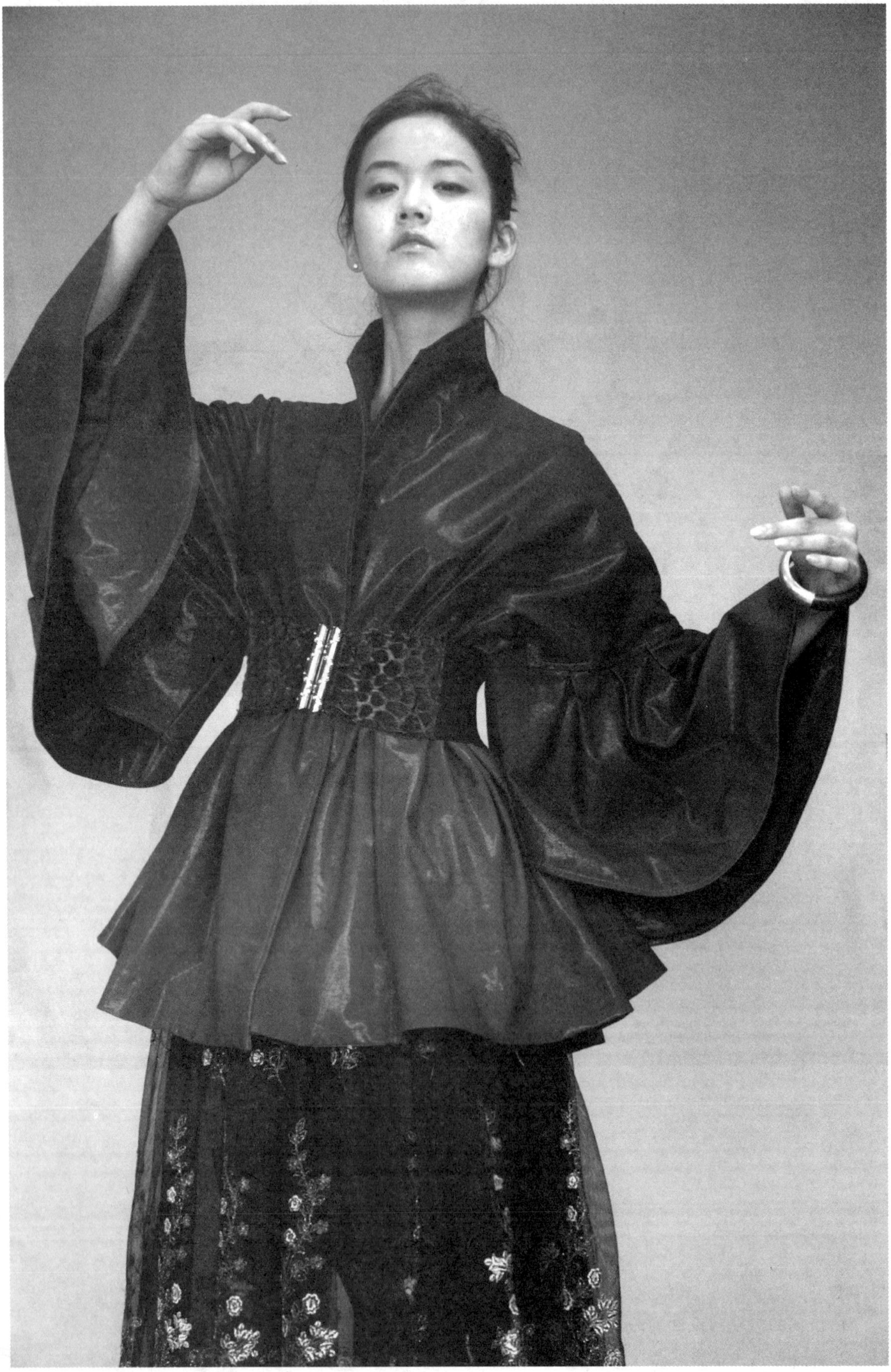

高等院校服装专业教程
创意服装设计学

第四章 创意设计作为服装品牌的核心·要素

一 创意设计与品牌定位

服装的创意设计是一种决定性的生产力,也是服装品牌的核心要素。创意设计是提升品牌附加值的重要手段。

设计师的创意设计要依据品牌的文化定位、销售定位而进行。根据品牌的定位决定设计产品的风格和形态。品牌的定位有如下的方面:第一,文化定位。任何品牌都有文化倾向,文化倾向是落实在年龄层、族群等消费文化对象上的。比如你的品牌是小众文化还是大众文化,是白领文化还是市民文化,是成年文化还是青春文化,是街头文化还是office文化,这些定位决定着设计师的创作思路和风格取向以及市场形态。第二,市场定位。品牌的市场定位应该落实在市场的性质、卖场的规律、消费群体的测定。在专卖店和百货大楼服装部销售的服装有着不同的定位。不同的销售对象应该有不同的销售方式,店面形象应该随着服装的市场定位形成相应的氛围。市场的地域性定位决定了服装形态的地域适合性。第三,风格定位。品牌的风格应该明确,风格的针对性也必须确定。风格确定以后,设计师心中才有数。在整体的风格原则之中进行创造,以维护品牌的形象和持久性。第四,价格定位。价格是根据市场、风格、销售对象而确定的,设计师的服装形态必须受价格定位的控制。

二 品牌符号与消费阶层

消费时代是符号化的时代。由于现代社会和消费社会的复杂性,造成了人类的语言的泛滥,由于事物的多义性和精神意义的互构性,再丰富的语言、再清明的逻辑也无法进行明确的界说和清晰的叙事,所以符号的表意功能便得以彰显。自古以来,符号就作为意义和精神的表征。符号的表意是象征性的表意,同时符号以它的形象特征对意义进行抽象的概括。符号的形象化往往兼容事物的多义性和丰富性。符号还有另外一种特征,即简明直观,为大多数人所能感悟接受。符号的这种表意特征,极其适合今天的消费时代和大众文化。大多数人宁肯相信符号表意的正确,也不屑于去过问、探究深层的奥义,这就是消费时代符号盛行的原因。

品牌作为符号它的指意复杂而又形象清明,精神性明显而又语焉不详。品牌符号的最简形式是商标,品牌符号的延伸形式是传播和声誉。所有精神的含义、审美的类型、艺术的语意和商业的目的都被品牌所表征。作为服装的主体人(消费者)对于服装的关系和思考、判断和选择一律被品牌所代庖。关于服装的一切都被品牌象征了,消费者只需要做一件事"跟着品牌走就行了"。

三 T型台与卖场

设计师的服装创意和服装企业的服装产品都需要通过T型台展示于观众和买家。服装动态展示,作为服装行业的销售方式、服装信息的发布平台和服装文化的舞台已经形成了完备的产业和展示机制。一般而言,服装展示依据其不同的目的有以下层次:

一是销售订购、产品发布;二是品牌形象展示;三是模特经济产业;四是服装设计赛事;五是时尚文化展演。(图4-1、图4-2)

销售订购与产品发布是展示直接的产品,通常是以季度发布,发布的时间与订货销售时间有一定的周期性。服装厂商可以通过时装发布达到销售订货的目的,同时收集订货方反馈信息,设计师也可以根据反馈信息

图4-1 商家和设计师为推广自己的品牌,会用一些夺人眼球的招法。

图4-2 (上):刘洋设计的童装品牌吉祥物
(下):梁明玉的《纸鸢》女装品牌卖场

做出适当调整。产品发布的展示规模跟企业的生产规模和销售规模直接关联。在展示服装形态上,以销售的成衣为准,可以做一些适当的表现性渲染,以烘托产品的文化气氛。

品牌形象展示,有时候随着品牌拓展的需要,企业和品牌商需要进行品牌形象的服装展演。这类展演往往出现在服装博览会和有针对性的商业活动中。此类展演的目的是要提升品牌的商品文化形象,不一定会有直接订货,但通过展演对品牌形象和企业实力、设计师的实力都是一种极好的展示。

模特经济产业,这种服装的展示其目的不是服装而是模特,因为模特也是服装的一种生产力,所以往往和服装企业有千丝万缕的联系。

服装赛事往往是由服装机构或传媒服装高校参与的,其目的是想通过赛事展示选拔服装设计人才。企业因为设计人才的需求也会与这类赛事产生联系,通过赛事产生的优秀服装设计人员往往成为服装企业未来设计的骨干。

时尚文化展演,这种服装展示是由服装行业、协会和政府以促进服装发展、产业发展、市场发展或城市经营的发展为目的,提升市民的服装文化兴趣,营造人气、鼓励消费。

以上不同层面的服装展演在达到各自的利益诉求的同时,也营造了服装文化。T型台上的服装,一般比较注重展示的效果、品位的优雅和气氛的营造。销售目的的展演与服装文化意义的展演侧重点不同。服装设计师在展示设计作品之时，应该依据不同层面的诉求做好设计准备。随着服装市场的逐步健全，服装的文化也逐步进入正轨，依照不同的诉求而进行不同方式的服装展演。

　　卖场的服装与T型台的服装是有区别的，除了销售目的的服装展示外，一般而言，T型台上的服装比较夸张和浪漫，富于设计师的个性，而卖场的服装却是根据设计师的创意和符合消费者的消费习惯而设计。T型台上的服装大多作为一种广告效应和形象效应，卖场的服装必须依据T型台上的服装，做简化程序，使其归为到消费者能够接受的服装规范。设计师必须明确这种差别，把握好T型台上的服装和卖场服装的分寸。

四　品牌形象与风格特征的创意表现

　　品牌服装的形象不仅是具体的款式和服装形态，而且是整体产品的展示形态、风格面貌、卖场评价和广告形象，品牌形象是个系统形象。作为服装设计师和品牌塑造工作者，应该把握住这种整体的形象，从而给予消费者的是一种品牌的文化形态，而不仅是一种商品形态。只有当品牌形象成为一种文化形态的时候，品牌的生命力才能长久。品牌的形象又可表现为社会形象、传媒形象、时尚形象、商业形象、产品形象、包装形象、艺术形象和设计师形象。

　　品牌的社会形象是指品牌在社会生活层面的信誉度。知名的服装品牌往往通过对社会活动的赞助与参与和开展社会公益活动来提升在民众中的信誉。传媒的形象是指品牌的广告形象，媒体传播形象。时尚形象就是服装品牌在时尚文化界、时尚刊物和时尚文化活动的参与频率。通过这些参与能够提升品牌的时尚位置和知名度。商业形象一般是指服装品牌的卖场形象以及商业的诚信。产品形象就是服装款式和服装形态。包装形象分别是产品包装和企业形象包装。设计师形象是指设计师个人作为品牌的核心人物，他（她）自身的形象，包括设计师的公众形象、设计师的精神面貌、生活方式和创作状态等。设计师是品牌的核心人物，也是公众人物。作为服装设计师应该非常重视自身形象的设计，尤其是设计师品牌，设计师的形象至关重要，因为消费者对设计师品牌的认同是对设计师人格和艺术魅力的认同。在公众面前保持良好的形象是服装设计师的修养和职业操守。

　　服装品牌的基本特征：在今天多元化的消费时代，服装品牌应该具备自己独特的风格特征。在服装形态和整体形态上应该有自己鲜明的形象特色和识别标识，以自己独特的风格来保障市场的份额。从消费者心理看，之所以认同一种品牌也是倾心这个品牌的独特风格。品牌风格的确定可以多种样式依其风格定位而塑造。有的品牌风格特立独行、标新立异，有的品牌风格平和，包容宽阔。每一种风格路线都有自己的市场，每一位服装设计师都应该在自己品牌的风格定位上施展能量，开拓创新。

　　品牌的风格一旦确定，不宜轻易改动，一旦改动则会丢失固定的消费群。但有的品牌勇于改变自己的风格定位，也会收到效果，这取决于设计师和消费者双方的认可。比如夏奈尔服装品牌由拉德菲尔德主持设计，他保留了夏奈尔的基本原创风格，保持稳定的渐变，赢取了夏奈尔品牌的声誉和地位。迪奥品牌则看重主持首席设计师的创意能力，几次改变风格，同样取得了品牌的声誉和地位。这是因为消费者对设计师能力的信任，设计师的个人风格代替了品牌风格。风格的信誉关键在于设计师的创意，人的因素是最重要的。

　　服装的风格可以分成两种倾向：一是市场产品倾向，二是设计师个人的艺术追求。这两种倾向各有其目标和特色，也可以相互作用和影响。

　　在消费时代的流行规则中，市场产品的风格是有类型的，风格类型是经由品牌商家和消费者多年的磨合适应所形成的。服装风格的类型一般又依据生活、工作状态划分为职场风格、休闲风格、运动风格，依据文化类型和地域风情划分为欧陆风格、北欧风格、波西米亚风格、南亚风格、西部牛仔风格、印度风格、伊斯兰风格、摇滚风格、军旅风格、怀旧风格、汉族传统风格及少数民族风格、绅士风格、贫民风格、淑女风格等，以及根据艺术形态划分为装饰风格、简约风格、矫饰风格以及另类风格。这些风格都有各自的造型特点和艺术魅力，其美学依据是由于大众文化和流行趣味对各种文化历史资源和艺术资源的选择。设计师在选择这些资源的时候,可以依照接受的可能进行重组和创新。可以延续和固守风格特点,也可以改造和变异风格特点。艺术家的风格取向则是艺术家个人的艺术才华和艺术志趣。艺术家在进行风格创作的时候,可以把个人的才华和艺术特点运用到市场中去。服装设计师也可以特立独行的坚持自己的风格,而不受流行市场的左右,但是在今天的大众文化生态中,就显得鹤立鸡群、曲高和寡。这类个性的设计师风格也可能被流行趣味所选择而获取商业的成功。所以,个性风格路线设计是充满着偶然性和风险的。

对品牌形象的塑造不只在于服装产品本身,对于关系品牌形象的所有环节,设计师都应该留心注意。在品牌服装的展示中,设计师可以用多种表现手段营造出特殊的文化气氛,比如编造一个故事,或是营造一种情境。用视觉形式充分地渲染,其目的在于将品牌形象深深地印在客户心中。以文化符号和艺术形象来增强消费者的品牌印象。品牌形象还可以延伸到创意设计之外,与各种艺术活动,艺术家展开合作,来播扬服装品牌的形象。

> 案例一:迪奥服装公司在2009年与一些知名艺术家合作在北京推出以迪奥品牌为主题或形式的艺术品创作。有的艺术家把迪奥的品牌历史作为资源用进自己的装置艺术中。

> 案例二:艺术家蔡国强创意了他的系列爆炸方案。他在阿玛尼品牌服装上预埋爆炸点,使高级的成衣由爆炸而肢解。知名的服装品牌经艺术家的荒诞构思和怪异行为而获取更有效的播扬。

思考题

1. 如何理解服装品牌与设计风格?

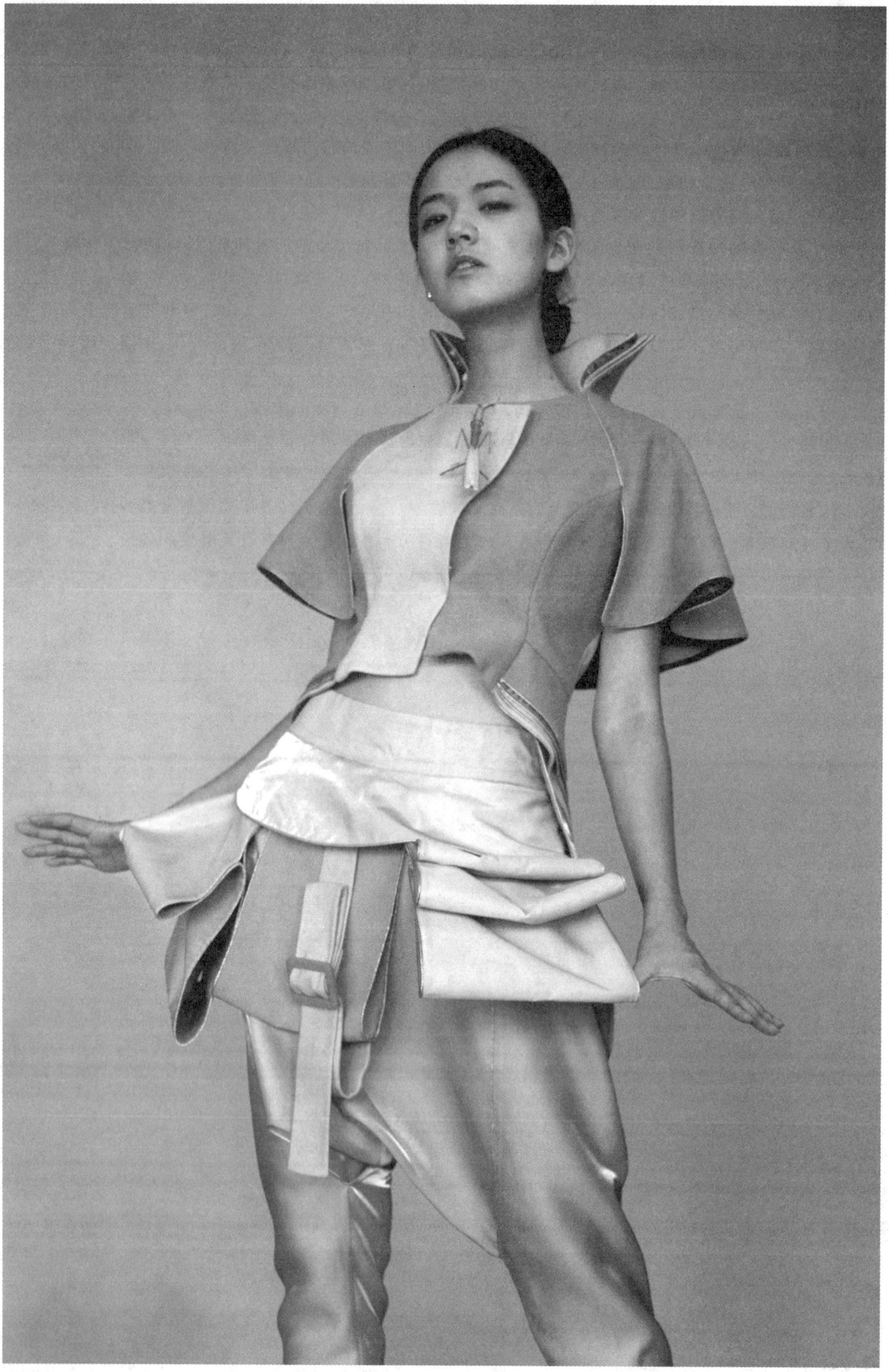

高等院校服装专业教程
创意服装设计学

第五章 创意设计是产业肌体的主导神经

现代服装的生产方式和生产主体是服装企业。虽然还有一些作坊和裁缝铺子、家庭之类的传统生产方式，但随着城乡结构的变化和生活方式的改变，量身定做和家庭生产的生产方式将会急剧萎缩，由企业生产、企业销售、流行趋势引导的社会性生产将统率人类服装领域。因此，服装设计师必须充分了解产业体制和企业的运行，熟悉和了解服装的生产机制和生产程序，明确设计创意在产业机体里的作用，以及服装产业机制、企业运行对于创意设计的需求和制约。

一 设计管理与首席设计师、设计总监

在服装企业和服装设计机构中，服装设计是系统工程。在这个系统中，有复杂的设计程序和众多的设计人员，不是某一个人就能完成。服装品牌和系列产品的设计，它需要统一协调相互配合，所以在服装企业中服装设计是一个集体作业。众多的设计师的才华和创意如何能保障品牌的风格和基本的定位呢？起决定作用的便是首席设计师和设计总监。

一般而言，首席设计师是具有丰富工作经验和创意设计能力以及在行业中有相对资历和威望者。首席设计师应该具有洞察全局的整体意识，熟悉服装设计各个环节，对服装品牌的整体形象了然于心。首席设计师的工作是勾画出品牌服装年度、季度的产品形态，主要的风格取向、面料材质，并指导部门设计人员的设计工作，协调、统筹、汇集部门设计成果，裁定服装产品的最终定型，解决设计过程中的问题和矛盾。首席设计师就像一个乐队的指挥，把各个部门的能力充分调集，使产品形态达到完整的演出效果。首席设计师必须亲自参与设计，用自己的设计经验引导和传授部门设计师，因而首席设计师又有导师和科研带头人的形象。

设计总监的工作与首席设计师相似，都是要拿出品牌服装的系列、整体形态，并监督其设计过程拟真完善。但设计总监未必亲自参与设计，可能参与品牌推广和商业策划及相关工作。采用设计总监制或者是首席设计师制视企业条件而定。服装产业是一个非常独特的产业，它卖给消费者的不仅是一种物质形态的服装，更是一种品牌文化、生活方式，这一切都体现在品牌服装的产品风格之中。在这个层面上，服装产品就是艺术产品，品牌服装的整体形态就是艺术形态。艺术创造是由艺术家个人来完成的，但产品形态又是必须由群体来完成的。服装形态兼顾了这两种性质，既要体现既定的风格和创意，又要保障服装品质的完善。所以，现代服装企业是必须采取首席设计师或服装总监制，这是由服装产业的性质决定的，也是服装品牌和服装市场的经验所致。在没有首席设计师和服装总监的企业往往是靠服装企业领导人（老板）来决定其产品情态和产品销量。这类的企业也会获得成功，这是因为企业负责人或企业老板在长期的社会实践过程中积累了经验，建立了市场，但随着市场的发展和消费者服装品位的提升以及艺术追求的提升，经验型企业会受到各种挑战。服装设计的专业性和文化艺术性必将在未来的市场中发挥巨大的作用，设计作为企业产业机体的核心竞争力日益重要。随着市场竞争，原材料价格和劳动力价格的不确定性，设计创意的附加值空间相对稳定和提高，从而成为最大的赢家。实行首席设计师制或设计总监制，从而完善和保证设计体系的优化，是现代服装企业的必由之路。

不想当将军的士兵不是好士兵，不想当首席设计师的设计师不是有出息的设计师。首席设计师和服装总监是每一位有志向的青年设计师的奋斗目标。但是，达到这个目标是要付出艰辛的努力。也许你有捷径达到这个目标，但是你没有与这个目标相符的水平，你反而会陷入工作岗位的尴尬。通往这个目标的过程中，是需要踏踏实实的工作和虚心的学习以及敬业态度和良好的人格操守。（图5-1）

图5-1 服装设计是团队的智慧,艺术总监和首席设计师起着核心和调配的作用。

二 设计环节与团队协作

在服装设计的系统过程中,设计的每一个环节都很重要,团队的协作是服装产品、品牌形象、创意成果的保障。品牌服装的设计程序和环节大致有如下一些方面:设计与规划、订出服装产品年度计划和季度计划,制定形态系列框架、筛选、确定最终产品方案,进行市场调查,依据反馈进行设计调整,生产过程当中的设计追踪、设计效果和品质保障,这些工作环节是由部门设计师和设计助理分别承担的。在自行规划的时候,首席设计师依据品牌服装上一年度和季度的销售状况和服装流行的资讯拿出适合性的创意方案。在此过程中,首席设计师和服装总监应与部门设计师交流,索取意见或建议。设计计划确定之后,就可以由首席设计师或设计总监制定框架原则和方向,各部门设计师依据框架和方向进行创意设计。首席设计师除了协调指导部门设计人员工作外,自己也要投入具体的方案设计。在所有的创意方案完成之后,再由首席设计师或艺术总监依据总体的目标进行调整和筛选,最后确定推向市场的产品形态。在这些过程中,对创意的市场预测尤为重要,首席设计师和部门设计师都应该进行市场调查和进行小范围的测试。比如,选择符合产品销售对象的进行购买心理的测试和着装姿态、着装效果的测试。对同行业产品信息的情报调查,对上一季度或上一年的优长之处和短缺之处进行反省、取舍,这些环节都是由首席设计师主持,部门设计师充分讨论。

设计方案在进入生产程序之后,设计师团队就进入跟踪和监督的程序。这种跟踪和监督表现在生产的关键工艺环节和质量保障制度中。设计并不是在纸面和样衣上完成就行了,在生产过程中,由于材料和工艺原因,会出现与设计意图不同的情况。设计师和工艺师通过责任制来保障设计意图的完善,把出现的问题和障碍及时排除。按照生产程序,生产环节的问题要与技术部门环节协调,技术部门的矛盾要与设计部门协调。而设计部门要关注从设计到产品完成、包装、上市前的整个过程。只有这样,才能保障创意设计的完善和产品的品质。为什么说创意设计是产业机体的核心,道理就在这里。

  设计师的团队协作首先是每一个设计责任者都应该服从整体设计方案和目标。在企业的设计团队中,个人的智慧和创意只是整体方案的所属部门,而非表现个人风格、个人意志的场所。对首席设计师的决定应该服从。若有不同意见或独立见解应该在工作会议上提出,以供讨论和采纳。首席设计师应该重视部门设计师的意见,因为这些意见往往带有创意的闪光点和设计的现实经验。团队协作的成功在于首席设计师的宽容和决策果断,整体把握能力,也在于部门设计师的敬业和智慧投入,人际关系和处事方法也是设计团队的重要因素。一般说来,性格决定人生。每个人的性格在人际关系和社会处境中,转化为现实的命运。作为团队中的个人,应该采取合适的意见表达方式,以使自己的个性化建议得到团队的共识和首席设计师的采纳。忌讳天马行空,独来独往,特立独行。企业为了保障整体的利益,团队为了保持总体的目标,有时会拒绝性格孤僻、固执而才华横溢的设计人才。佛教中所谓"性命皆修",其实是说,性格的修炼可以改变命运。(图5-2)

图5-2 上海大学巴黎国际服装学院教学过程

三 整体风格与细节品质

整体风格的确定是靠无数细节的完善,细节是品质的保障。服装是一门致宏极微的艺术,需要远观和近视。精美和严谨的细节可以见出设计师的心境和修养功力。细节表现情感,由微观之处通达人性,一叶知秋、纤毫达意。尤其是女性服装的品质往往是靠精微的细节传导品牌的独到。对细节的挑剔和欣赏是服装审美的独特属性。由于纤维的细腻和柔性,服装的近身和亲昵易于表现精巧的语言,易于传导细微的情感,这是服装的物质属性和心理结构的对应特征。细腻的审美情感是人类社会文明程度丰富而高雅的底线。人们对服装的细节认识往往把它当作礼节教养、阶层表征的属性。

在18世纪的洛可可风格时代,法国宫廷的服装繁文缛节,将服装的细节发挥到极致。这种遗风也作为一种当代消费资源进入奢侈服装和高级成衣,并影响到中产阶级和一般市民的服装趣味。细节是可以表现精神、气度的,也可以表现服装设计师的精微用心。细节的创造往往是在对于常规部位的精雕细刻、工艺的巧夺天工。比如一颗纽扣、一个衣褶、一片领角,设计师可以在微观世界中绞尽脑汁、趋尽创意,创造叹为观止的境界。细节表现出人性关怀的周到,设计师处处从服装的得体与礼仪举止的精微处设想。服装又是一个规范的艺术,人们的消费习惯不轻易改变,所以任何一个轻微的细节变化,都会制造惊奇和新意。细节还表现专业意识,在欧美的一些高级服装制作中,其细节的品质犹如瑞士的钟表,无以复加,令人赞叹。当然细节也是高附加值的保障。

细节意识应成为设计师的专业修养。无论品位高低的服装,都应该注重细节,以体现服装的人性化关注和消费的性价比。不会把握整体的设计师不是一个称职的设计师,不懂得细节设计的设计师同样不是一个称职的设计师。称职的设计师应该是胆大心细,既粗枝大叶又吹毛求疵。

服装消费者对细节的挑剔有时可以达到不能容忍、匪夷所思的地步。细节的趣味因人而异,设计师要尽可能地考虑周到而应对。细节往往是销售的保障。(图5-3)

图5-3 对于设计而言,细节见品质。 (左):洛可可风格的时钟 (中):梁明玉设计的服装细节 (右):法国国家图书馆的室外地板

四　创意设计与工艺程序

　　在中国的服装高等教育中普遍存在将创意设计停留在纸面上，而忽略工艺程序和动手能力的现象。这容易形成学生们对服装造型的误读，认为设计师的服装形态就是二维的平面形态。一旦参加工作以后，在设计的实践中，便会由于对工艺程序的陌生和立体概念的忽略而感到不适应。一个全面的服装设计师头脑里应该装着服装成形过程当中所有的服装程序。只有充分了解了工艺的创造和工艺的局限难度才能够达到创意效果。所以，不懂工艺就不懂设计。虽然在现代服装企业中，工艺师和设计师有分工，但设计师必须懂得工艺师的创造能量和苦衷。设计师应该把工艺当成设计的要素，充分利用工艺的程序来保障设计的意图。

　　为什么说工艺是设计的要素？因为工艺本身就是服装的本质属性。工艺在艺术和文化创造上，在人类制造文明上发挥着至关重要的作用。人们经常都在谈论文化创造，什么是文化创造呢？世界上关于文化的界说和概念成千上万、千差万别，但有一点是共同的，即文化是人的创造，而不是自然属性。器物的制作和艺术的创作是文化创造的主要形式，而器物制作和艺术创作的根本性质和基本手段就是手工劳动和制作工艺。手工劳动和制作工艺书写了人类的器物制造史和艺术史。精湛的工艺体现了人工和机械运用所能达到的奇妙境界。工艺性超越物质材料和劳动手段获取了特殊的精神意义和审美价值。服装设计师通过精湛的工艺达到其创意的目的和工艺过程的愉悦。精湛的工艺体现的是一种器物制作文化的积淀，在服装的创意设计中，工艺往往化腐朽为神奇。比如一段平常的面料索然无味，不会引起设计师的敏感，一旦通过某种工艺改变了这段面料的观感，便会生出蓬勃的生机。一件其貌不扬、朴素简单的服装，通常不引人注意，但如果有着精巧的工艺和超凡的制作，便立刻会引起欣赏者的垂青。两件一模一样的服装，其中一件有着手工工艺的明显特征，其价值马上就会超越另外

图 5-4　太空服　梁明玉

一件。一个知名品牌的服装跟一个普通品牌的服装有时候看起来是一模一样,但是消费者会毫不犹豫掏大价钱去买名牌服装,二者的工艺水平显然有着明显的差别。作为设计师应该把工艺程序也作为一种设计要素事先考虑进去,用什么样的工艺手段可以达到预期的效果。工艺也包括机械工艺和手工工艺,相互不能取代。机械的工艺有着它一丝不苟、整齐划一的审美特征,而手工工艺有着它朴素深厚和近贴的趣味。机械工艺的效果手工达不到,手工工艺的效果机械达不到,所以说各有千秋,机械工艺给人以标准规范的美感,手工工艺则给人以天趣自由的美感。设计师应该熟悉把握机械工艺和手工工艺的异同,将其作为一种能动的手段放到自己的设计中去。(图5-4)

工艺效果和工艺的审美使设计师往往将其作为一个款式的特点和消费心理的卖点。

五 创意设计与生产环节

以上各章提示服装的创意设计是贯穿于整个生产和工艺设计之中。服装生产过程不仅是一个严谨的执行过程,而且也是通过制作环节达到的再创造。

通常有一种误解,认为服装设计仅仅是停留在设计图和样衣上,生产环节则是与设计无关。这种设计和生产的关系当然也可以保障产品的标准化,但却不是创造服装质量和品位的最佳方式。设计师只有把设计创意贯穿到整个生产环节中,才会发现生产环节中的问题和改善方式,从而调整生产环节程序,最有效的保障设计的意图和产品的质量,进而降低生产成本。

在生产过程中,会出现由材料、工艺、设备、技术以及人的因素对设计意图的改变或走样。设计师在生产过程中,就要灵活的根据这些客观的变化做出调整。有时候是要坚持设计的立场和标准,所有的因素服从设计。有的时候则需要客观的考虑让设计目的向变化条件做出适应的改变。这不是一种设计创意的妥协,而往往是把这些变化因素变成积极的创造条件,变被动为主动。这需要对原设计意图做出一些调整,所谓"将错就错"。但这种"将错就错"必须是建立在对生产过程和各种变化的条件充分了解之上的。这种调整和妥协不是要降低自己的设计水平和质量水平,而是通过调整,改换路径,达到理想的效果。所以在服装设计和生产的过程中,设计师在坚持自己的设计原则和风格的同时也要善于变通,善于同生产环节的各个部门沟通协调。

服装设计和生产的过程通常有如下的程序:

(一)设计与制版

所有的设计图和风格创意都要通过制版的程序表达出来,服装的风格、趣味和独创之处,精微的细节都要通过制版来传达。所以设计师和制版师是默契配合的关系。在今天的服装CAD制版过程中,有时设计和制版的工作兼于一身。但在规模生产的企业中,设计师和制版师的专业分工很明确,他们之间的配合是保障产品品位和质量的基础。设计师在本科学业中已经掌握了制版的知识,或者通过设计实践对成衣的板式展开有切身的感觉。而制版师在长期与设计师的配合中,对设计师的意图或产品形态善于意会。有经验的设计师一看制版师的版样便能够洞察出其成衣状态的得失、盈缺,把问题解决在制版程序之中。设计师忌讳将设计图扔给打版师就一走了之,而应该跟踪打版程序随时解决问题。

(二)样衣

版样决定以后,便进入样衣程序。一般而言,技术部门的样衣车工是专设的,对设计师和版样师的意图能够充分理会。样衣是设计师设计意图的真实表现,几乎所有的问题和效果都集中反映在样衣上。样衣又分作初样和完样。所谓初样可能采取与成衣不同的面料,一般用作解决款式、结构和实体舒适度的调整。而完样则是成衣的标准样板。根据不同的习惯,设计师对成衣抱有不同的态度。有经验的设计师可以避免成衣程序,直接通过制版进入成衣生产。但样衣是充分表现完善设计意图,避免成衣过程的失误,最佳的决策的平台,所以设计师通常非常重视样衣的程序。

样衣是对设计图的深度创造,样衣形态可以反馈设计师的设计意图,设计师一般根据样衣形态的效果完善和补充自己的设计创意。

(三)裁剪

裁剪通常指版样和样衣确定以后的批量生产裁剪,裁剪工人一般严格执行版样的规定。这看起来跟设计师毫无关系,但在裁剪工序中,也有设计师不可忽略的地方。比如材料的经纬朝向、材料的正反使用以及对面料的节约等,这都是设计师需要对裁剪师做特殊要求的。

(四)放码

放码是制版和裁剪工人分内的责任,但也体现设计师的意图。服装一般都有自己的尺码规定,有国际和区域性标准,外销服装则用国际化标准。设计师在设计创意时有时会跨越既定的标准,所设计的服装也许采用不同部位用不同的尺码。比如,胸围用大号,腰围用小号,臀围用中号。所以放码过程也是跟设计师有联系的。

(五)车衣

车衣缝合是服装生产的主要环节。合格的车衣工都习惯服从操作规范,每个服装企业都有既定的车衣工规范,所生产的产品也有其制作的常规。对线距和针脚以及成衣过程中的特殊要求和效果,设计师或技术部门应该在生产指令书中明确标注。如果车衣工人操作中出现问题,设计师应该配合技术工人针对设计图和技术规范共同解决问题。所以设计师与车衣过程也是有联系的。经验丰富的设计师非常熟悉车衣过程,往往会主动与技术部门、派工人员和质检部门提出要求,交代加工应该注意的细节,根据面料的不同使用何种缝纫机压脚,以达到成衣的完美效果。

(六)手工

手工的世界千变万化、博大精深。对于成衣生产而言,手工的工序也是被规范的,都是从成本的角度予以控制。设计师在制定成衣产品时,应尽量杜绝过多的手工程序安排,以降低成本和缩短工期。

在特殊服装的定制中,如果说成本空间允许,或者以手工制作特点作为产品附加值的前提成立则可以强调手工的特征。

手工在成衣生产中涉及钉扣、挑边、固型、铺衬、修剪、盘扣、穿线、接头、缝制、做花、裹边等。每一种手工工艺都可能制造特殊的美感和效果。设计师应该合理的安排应用到自己的设计创意中去。在成衣制作中,设计师若要达到预期的效果,则必须与手工工人密切联系,随时配合。(图5-5)

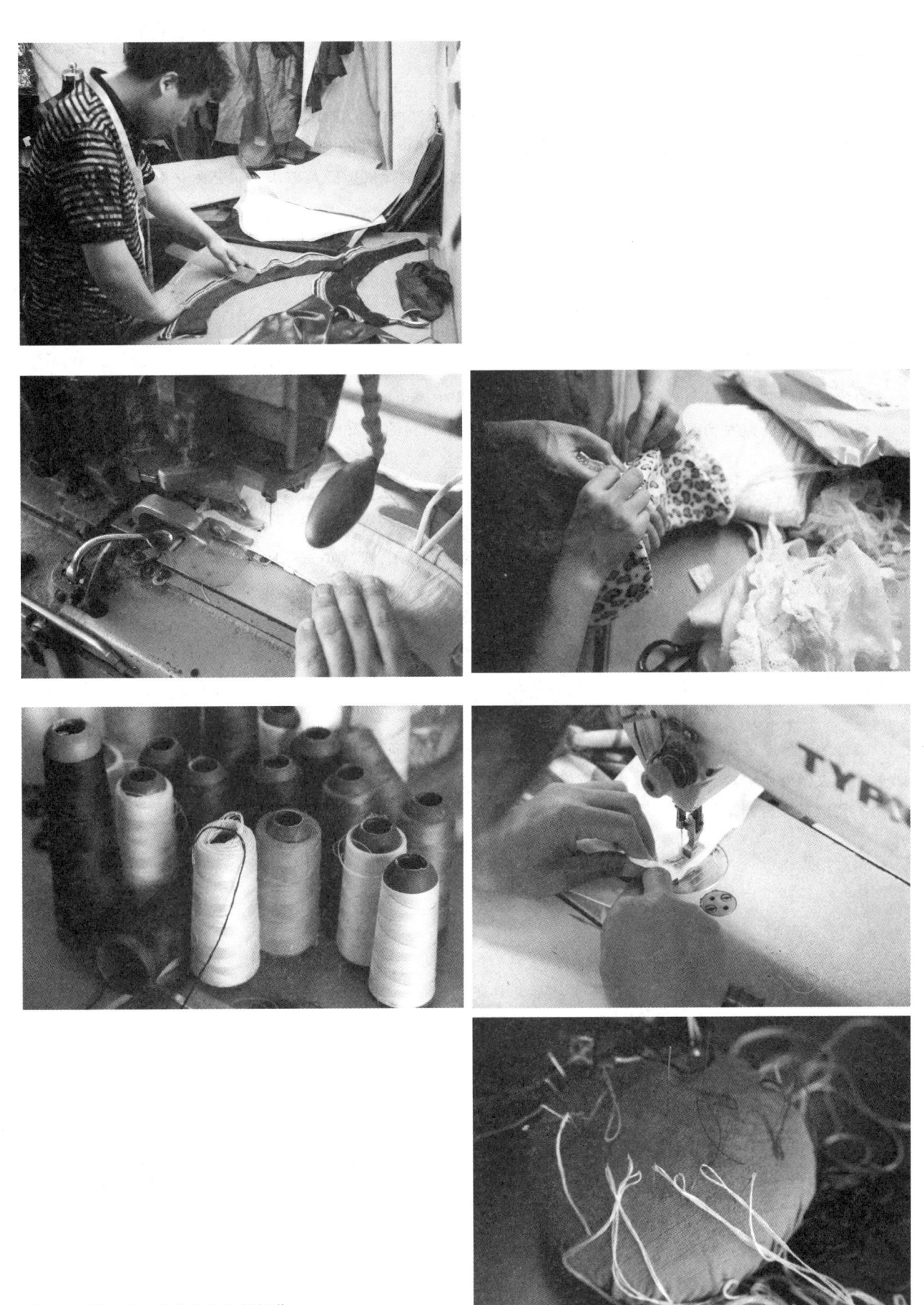

图 5-5 服装的各种作业和机械操作

(七)中烫

熨烫是服装加工的必然手段。所谓中烫是指在车衣缝合过程中所进行的局部的熨烫。熨烫的关键在于面辅料的搭配和熨烫的温度。虽然这些都有一定的生产规范,不用设计师随时操心,但设计师必须心中有数,因为这些细节都是保障设计创意和服装品质的。采取手工熨烫还是滚烫机熨烫是取决于工艺人员和设计师对熨烫效果的把握。

通常熨烫的设备有吸风式蒸汽熨烫机、滚轴式烫衬机、蒸汽熨斗、吊瓶熨斗及普通的熨斗。衬纸也有不同克重的可选择性。用不同的工具和材料可以达到不同的熨烫效果。

(八)整烫

整烫是指服装成型后的整形熨烫,使之消除加工过程中产生的褶皱,增强产品的观感。在此之前,还应有检验工或者辅工剪除成衣的线头和杂质。整烫的方式取决于面料的材质和成衣的形状。

(九)包装

包装是服装品牌最为重要的手段之一。作为最后的工艺,设计师要负责到底。包装的外观一般采纳设计师的意见,以保障产品风格的一致性。包装是一门非常考究的艺术,也讲究整体和细节。好的包装增添服装的附加值,低廉的包装会使产品打折。

(十)外协

通常的服装企业都需要外协。有时是因为生产规模、技术设备,有时是为了节约成本、交货时限。设计师往往被单独派去做外协监督。作为甲方代表应该眼观六路,耳听八方,熟悉协作企业的生产状况,并善于与人打交道。外协不完全是靠合同来保障,对协作单位的人际关系、语言方式和相互尊重也都是非常重要的因素。(图5-6)

思考题
1. 如何理解现代服装产业中设计的团队协作?
2. 举例说明服装细节是保障整体风格的重要因素。
3. 服装设计师为什么要熟悉服装工艺程序?

图 5-6 梁明玉设计作品

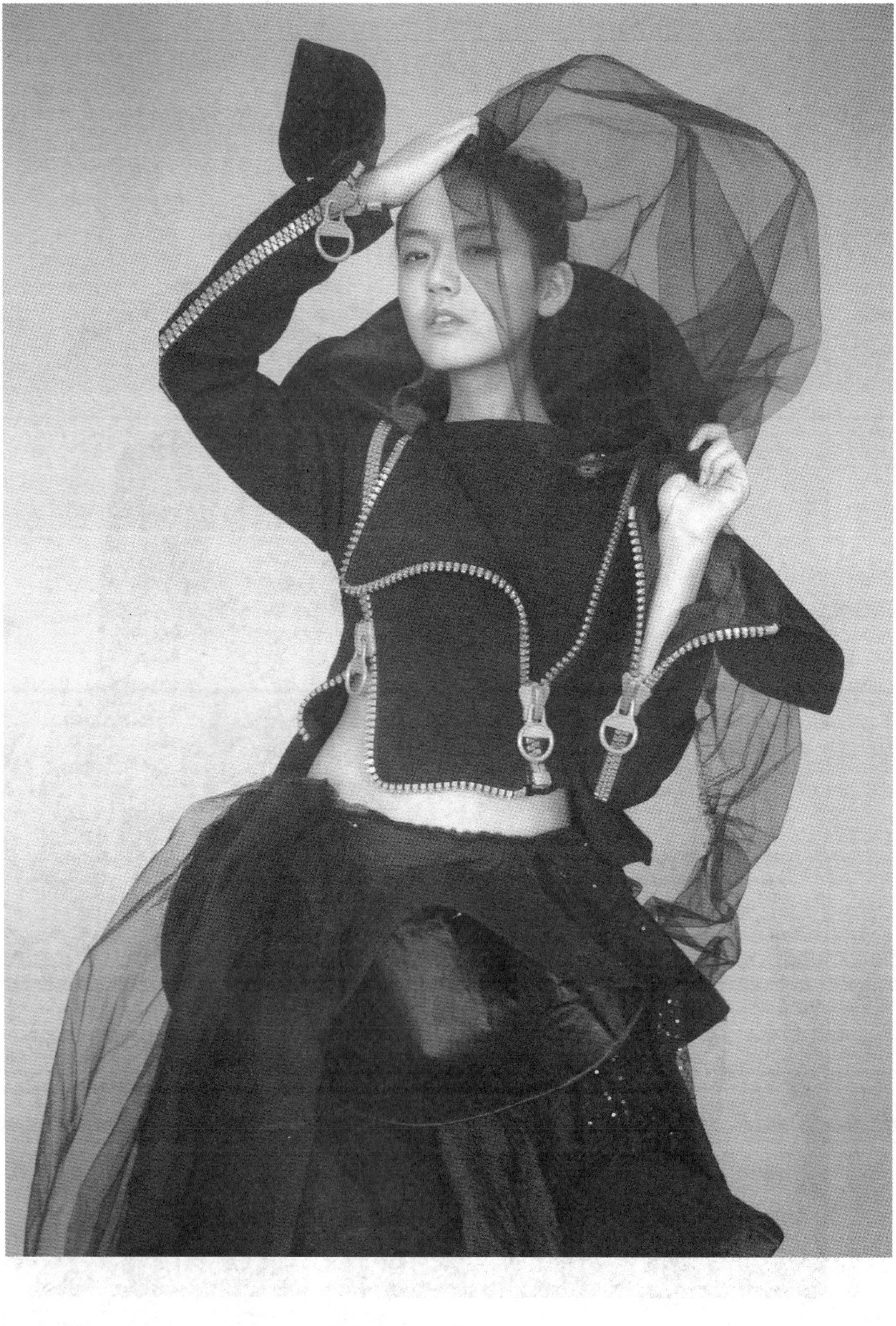

高等院校服装专业教程
创意服装设计学

第六章 创意设计与市场反馈、消费引导

一 市场预测与设计拓展

在前述章节中我们已经明确了作为商品的服装的意义,绝大部分的设计师都需要通过市场的成功来检验自己的设计才华,大部分的设计师都会在服装企业和服装市场中就业。对于市场的预测是设计拓展的决定性前提。在激烈的商战中,几乎所有的企业者和设计师都会密切的关注市场的动向,预测市场将会热销什么服装。然而市场一直却没有一个绝对客观的标准和绝对信任的权威平台。因为市场太大了,需求太多元了,所以对于服装市场的预测都是有范围的,都是在品牌与品牌定位相符合的圈子里进行预测,所谓知己知彼方能百战不殆。对市场的预测实际上是对接受者趣味的观察、统计和品牌适时适度的探测。这种探测有时在前一年度和前一季度就已开始进行,有时是在当季的发布上进行探测。服装厂商和设计师依据反馈的信息进行对自己发布内容的筛选,所留下来的投产方案一般是依据市场的信任和订货方的选择。

服装按周期可分为长线预测和中期预测,长线预测是根据品牌发展的战略而开展的。随着服装潮流的汹涌和服装文化的多元化,服装市场变化迅猛。通过服装品牌的战略以及长线的预测都在缩短,一般形成年度预测即提前对次一年的产品形态做出预测进入设计。对服装产品的预测一般建立在品牌服装自身的特点和消费者的固定消费群的接受定式之上,以及服装流行趋势的影响和消费者的消费心理变化,这些尺度是很微妙的,一般变化不会出现剧烈的改变。设计师的设计定位是根据以往的销售业绩和销售对象为核心和主旨。创意和创新不宜过猛过大,否则极易失去大部分固定消费群的信任。所以,有实力的服装公司往往会拥有几个品牌,分别针对不同的消费者群。服装的形态和消费者之间往往有内在的类型,这些类型决定着服装形态的未来预测。所以服装设计师需要深入到自己品牌的市场现实和消费群中去,随时把握这些品牌消费群在变异的流行趋势和服装审美中它的真实感受。因此,在这样的基础上才能谈得上设计拓展。(图6-1)

作为商品的服装是受限的服装,市场的因素和消费者的心理对设计师的制约往往起着非常重要的作用。因此市场的服装创新和拓展是在规范中的创新和拓展。一般说来,自由不羁、天马行空的个性创意在市场现实中是会遭受冷遇的。设计的天地无限广阔,规范的设计也趣味无穷。优秀的设计师能够在市场的规范中创新拓展,在共性的趣味中标树个性,在矛盾中生存,在生存中突破。

在流行的潮流和市场的常规中,有时也会出现反其道而行之的成功者,即所谓的黑马。这是设计师能够真正洞察市场的现实、市场的缺陷和遮蔽、消费者的反向需求和趣味,以拿出独异于潮流的设计形态。这种设计是有风险的,设计师应该具备这种敢于突破、敢于逆行的勇气,但同时要杜绝盲目的冲动。

图6-1 英国伦敦街头极富创意的橱窗

二 市场反馈与设计调整

　　实践是检验真理的标准。消费者的选择就能证明设计师的成功,所以市场的反馈对服装设计尤其重要。反馈测试的方式分为上市前的测试和上市后的反馈。上市前的测试一定要选准服装消费的类型,包括他们的职业、生活、兴趣爱好,一定与它的消费大众一致。设计师应该对反馈的意见持有平和与包容的心态,切忌以艺术家曲高和寡的意识自居。在消费者的反馈中,甚至带有设计师个人的审美水平、境界所不能容忍的平庸低俗,这是市场和消费层面的复杂原因造成的。设计师面对这种情况应该客观地对待,用自己的审美去适应、调整和引导这些反馈的意见,在服装市场现实中,终极的产品往往具有折中的性质。(图6-2)

图6-2 设计师的作品必须由消费者决定价值。

　　根据反馈意见所做的设计调整应该立足整体的全局的观念。不要因为某一个局部的趣味好恶而动摇了原本的创意设计。应该在保持整体的品牌形象和服装形态之余,冷静的分析反馈的意见,做出适度的调整。一般不会轻易地做出全盘否定的决定,以杜绝各项成本的浪费。

　　对于上市后的反馈意见应该迅速处理。对销售情况好的产品,应该迅速地做出产量调整,增补产量,服装设计师在这个过程中应该跟进市场了解为什么这些产品会受欢迎,把这些资讯融进自己的设计中去,同时观察销售不好的产品,滞销的因素到底是什么。设计人员还应积极与卖场的销售人员沟通交流,获取第一现场的信息资讯。

三 消费的承受能力和设计的创意尺度

服装消费的阶层文化规定了其消费状态、消费性质和消费行为,其中消费能力是最重要的。根据相关的统计,每个阶层、每个年度用于服装消费的支出在整个的消费支出中占有的比例都是有常规的。这就意味着消费者服装消费的选择是有限的,有一定的消费预算和消费选择,添置有限的服装。无论是感性消费还是理性消费,实际上,一定的购买能力就控制了服装消费量,所以服装设计的针对性就显得极为重要。了解消费者的承受底线实际也是一种设计因素。

> 案例:巴黎高级服装公会一直对会员条件要求很高,其会员的品牌业务中,高级定做服装需占相当比例,但随着社会和经济的发展,高端市场越来越少,许多著名品牌都减少了高端的量身定做的业务,而更多发展适应大多数消费者的高级成衣和普通成衣,所以巴黎高级服装公会的会员逐年减少,而全球中端的成衣品牌逐年增长。

今天的服装市场已经非常规范了,不同层面的消费者购买衣服是在不同层面的商店购买不同档次的品牌。因而服装事实上已经根据消费者的选择,自然在市场中形成了类型和档次。每一个类型和档次都有着它固定的消费群,也有着各异的消费心理和购买能力。就同类型的服装而言,消费者的承受能力有许多因素,比如服装款式和吸引力、价格、性价比等,有时候消费者的价格因素制约了服装的吸引力。消费者便要控制住自己的欲望,等待着服装打折的时候再来买。在服装消费中,打折已经成了一种选择的尺度和促销的手段。对于服装设计师来说,其设计产品的吸引力就尤其显出其重要性。(图6-3)

图6-3 斯特拉斯堡的迷你服装店

针对不同层面的消费（大致分为大众和小众），设计师应该在消费者承受能力和消费心理诉求的把握之上，尽可能的拿出自己的创意设计。设计都是适合性的设计。

四 消费者的设计诉求

大众文化的流行规则是很奇怪的，往往是创作者和接受者的互动。制造者和消费者共同营造了服装消费文化。消费者希望设计师拿出他们希求的服装款式，而设计师又是跟进消费者审美趣味和审美能力而进行设计的。设计师的创造带着消费者的规定性，消费者的选择因由设计师的引导，所以说这是一个互动的关系。在最低端的市场和最高端的市场，这种关系还不是十分明显。低端的服装受众的选择性不是很主动，因为价格低批量大，设计的含量和消费者的选择都是有限的。在最高端的设计，服装消费者消费的是设计师的艺术，在这个层面，设计师的设计是被当做个性艺术而被充分尊重的。而只有在大部分的中端的艺术中，由于价格、购买力、设计师的创意和消费者的意图几乎处于一种平衡状态，相互控制，所以互动关系特别明显。有时候，消费者的诉求几乎是决定性的，消费者的诉求决定着设计师的方向。

案例：中老年人总爱抱怨买不着服装，其实这是因为中老年人对服装的风格选择逐渐偏于保守，对服装的性价比更加的挑剔，对自己身体和形象魅力逐渐失去信心。中老年服装的设计应该充分考虑到中老年人的消费特点，生理和心理的特点，既要考虑到其保守性，又要考虑到创新性，还要在品质和品位上下工夫，需要张扬中老年人的长处，避讳其短处。

所以，中端服装的难度是最高的，消费者既有着有限的消费能力，又有着无限的诉求。设计师有着个性的创意才华，却有着众多的设计限制。这带来了设计主体和消费主体的双向消解，这就是服装设计的艰难所在。

思考题

1. 市场预测对于服装设计的重要性。
2. 举例说明市场反馈与设计调整。
3. 为什么说消费者的诉求也是设计师的创意依据？

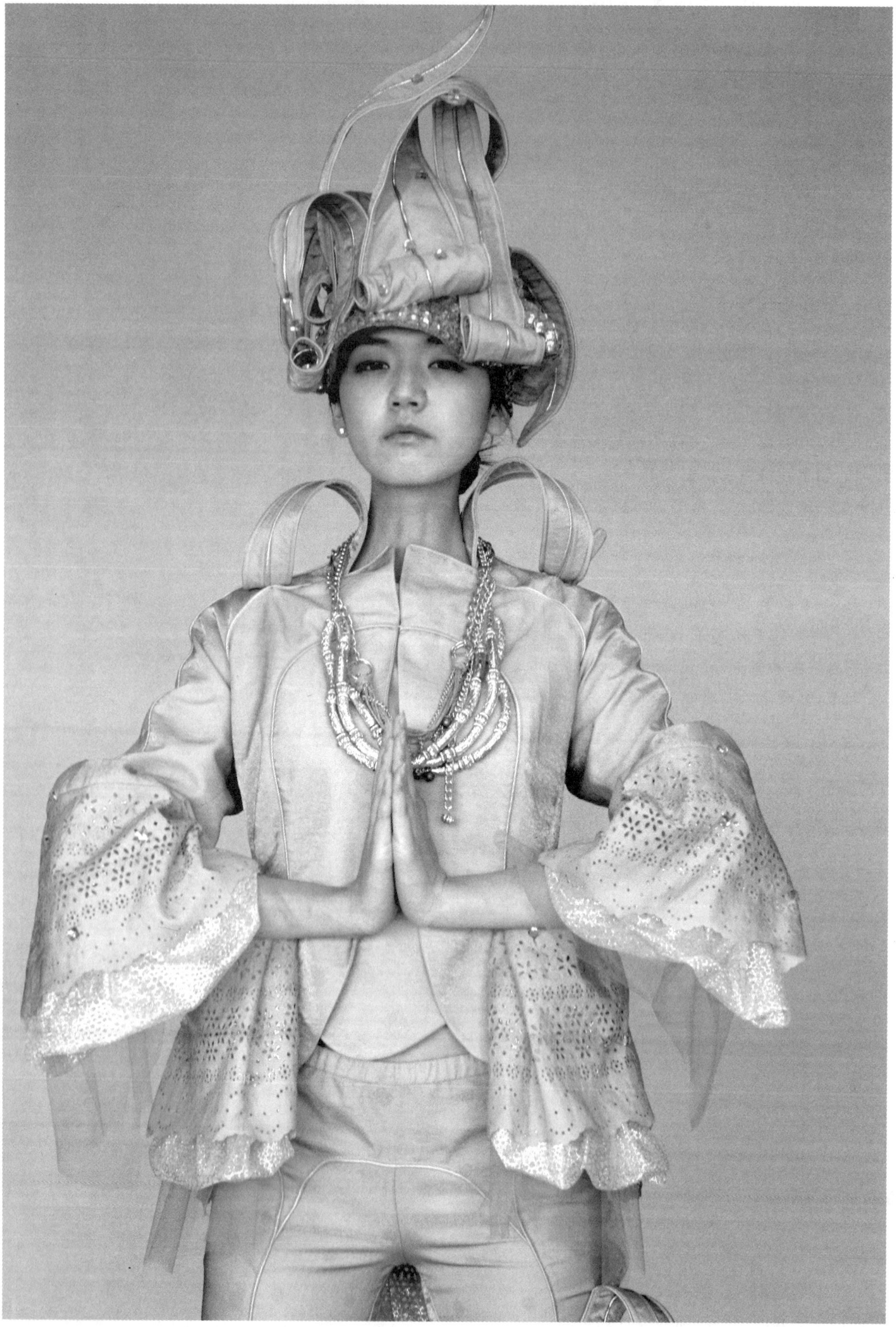

高等院校服装专业教程
创意服装设计学

第七章 创意设计的历时与共时:文化根脉与时尚流行

一 服装的经典与流行

  由于服装关涉人类生活太紧密,人人皆必与服装打交道。服装又是人类这种文明动力和精神动物的外在的表现,所以关于服装可言说的内涵和形式实在是太多太深,众说纷纭、莫衷一是。关于服装的定义也很多,众多的定义乃是从不同的角度去认识服装。作为文化的载体,服装表现着不同文化的形态。大概可以分作经典和流行,什么是经典文化? 经典文化是人们把具有代表性、共识性、启导性的文化内容抽取总结出来,传播、传承。用以表征特定时代的文化精粹和精神要义者。什么是流行文化呢? 流行文化是符合现实和众多的接受水平、文化素养、消费心理,借靠传播的文化。现实的流行文化经过社会文化的震荡和文化权力者的选择制定也会成为新的经典文化而成为文化精华和文化象征。比如,迈克·杰克逊的艺术,他所代表的流行音乐文化就是来自于底层的流行文化和街头文化。经过精致的包装和传媒的播扬,具有大众文化的强势,左右着特定时代的文化潮流。于是他在经典艺术界、文化界和文化权力机构认作为经典文化。服装文化也是一样,比如说,从美国西部劳工流传演绎的牛仔裤和牛仔装本来也是底层的一种服装文化现象,由于穿着的轻便,形态的干练,与现代社会的快捷特征十分吻合,于是变成了一种大众服饰文化。由于这种大众服装的形式经传媒起到了极大的传播作用,加之传媒将其作为一个时代的符号和象征,于是牛仔服、牛仔装成为了时代的服饰文化,被明星、总统穿在身上,表现自己的亲民和民主宽容。从七十多岁的布什总统、里根总统到一岁的美国儿童,都是牛仔裤的青睐者和消费者,所以牛仔装又成了风靡全球的国际化服装典范,雅俗共赏、官民咸宜的硬通法宝。

  经典和流行是互围互构的。经典的文化被消费者以流行的法则而选择。(图7-1、图7-2)

图7-1 服装艺术创意 梁明玉

图7-2 高级成衣创意 梁明玉

二　国际趋势与民族内核

　　今天在迅猛的国际化进程中，地球已成为一个村落，许多问题再也不是发达国家和发展中国家单方面的问题，而是关涉人类的共同问题。如何理解国际化进程和国际化文化，如何步入国际同时又坚持传统，是每一个人、每一位服装设计师都要遇到的问题。

　　形成服装的国际化趋势的成因有各种各样的因素，首先是贸易和制造业的全球一体化。今天全球的贸易保持着微妙的平衡，加工的一体化让中国人更是感同身受，全球任何一个角落都可以看到"MADE IN CHINA"的服装标记。改革开放60年，全球的服装品牌都登陆中国，由于发展的速度和经济增长引起生活方式的改变，人类的装束正在朝国际化发展，看上去相差无几了。服装的基本款式如男性的西装T恤，男女共用的牛仔服以及大众的休闲服装都是全球共享的。今天，世界上最偏僻的村落里的孩子甚至于都穿着耐克的球鞋和仿造的阿迪达斯运动衫。这种物质的传播不以人们的意志为转移，是人们形成普世价值的基础。同时在文化传播上，国际趋势也形成不可阻挡的形势。电视的时尚频道、MTV，发达国家的服装趋势信息通过各种传媒方式迅速的传导到世界各地。服装的流行信息随同摇滚音乐、电玩游戏一起深入到全球每一个人的身心。（图7-3）

图7-3（左上）：欧洲设计师的民族风格
（左下）：阿拉伯妇女服饰的民族化与国际化
（右）：梁明玉的裘皮服装设计

所以，服装国际趋势的背后，是一种普世价值、共性的发达目标、生活方式和文化取向、文化价值。应该看到，这种普世价值有着全人类的合理性，人们对这种普世价值的质疑建立在对本土、本民族的根脉文化的基础之上。相对于普世价值所受到的冲击和消解，这种文明冲突、文化冲突同样表现在对服装的穿戴立场。在宗教规诫比较严格的国度，人们仍旧保持着自己的衣着风貌。但在宗教规范不严的国家，比如中国，基本上没有任何人们服装的忌讳。关于国际化和民族化的问题应该怎么来认识？我们是这样来认识的，文化和艺术都不是抽象的存在的，它一定是在具体的"种"的形态上发生流变的。当具体的"种"文化形态发展到对全人类有意义和作用的时候，它就从一种"种"文化上升到"类"文化的意义了。服装文化也正是这样，今天的服装趋势和形态虽然生发于西方"种"的文化的机体上，但它符合了今日全球人类的认同和选择目的与诉求，那么这种服装就是一种"类"的文化形态，从而体现出其先进性和优越性。所以，不应该以封闭的心态和排他的心态对待国际化服装趋势，而应该从整体人类的发展规律和文化价值上来客观认识，只有如此我们才能明确，我们应该走什么路，中国未来的服装形态应该走向何处。

图 7-4 印度设计师创作的现代纱丽

中国自改革开放起，国际化和民族性的问题在服装界就争论了三十年，尽管争论是有意义的，但在中国的服装市场上，却正如改革开放的总设计师邓小平指出的那样"不争论"才取得了今天的繁荣发展。国际化趋势的服装成为市场的主流，而中国传统的民族服装也在国际化的服装潮流的影响下做出了自身的文化调试和形态更新，保持了自己的市场。

在中国的服装史上，中国的民族服装曾经发生多次巨大的变异，汉朝以来的衣冠制度在元代和清代外族掌权之后，都受到了强烈的冲击，服装体制和基本样式以外族服装为主流。辛亥革命、五四运动后，中国人的服装告别了古代而进入了现代。在这个巨大的变化时代，中国的服装也没有一个绝对统一的标准，而主要是受全球现代服饰的影响，如西方的西装和女裙、衬衫、裤子，而相关的服装礼仪规范也都追随西方，军装也都追随欧美军装风格。受政治和意识形态的影响，孙中山的中山服（西方人也称作毛氏服装）和军装风格曾一度成为中国人服装的主体。但"文革"结束后，中国的服装便进入了一个多元形态的时代。（图 7-4、图 7-5）

图 7-5 非洲尼日利亚的木雕面具

110

民族服装的概念是建立在尊重每一个民族的服装文化传统的基础上，汉族是中国最大的民族，但是汉族的传统服装已经消失殆尽了。占人口绝对优势的汉族，今天的装束都是国际化的装束，也可以说是一种西化的装束，而其他的五十五个民族则不同程度地保留了自己民族独特的服装传统。在今天的多元化时代，应该提倡在保留和保护自身民族的服装文化传统的同时，也要尊重各民族人民对国际化和普世价值的追求。只能提倡不能限制，这样才能保持服装的民族文化和谐景观。关于国际服装趋势应该看到如下的事实，由于发达的国力和强势的传播，服装产业的核心、服装趋势的发布中心都是欧洲，形成了所谓欧洲中心。虽然这几年，美国、意大利、日本、西班牙等都极力打造自己的服装中心城市，发布服装信息，但由欧洲既定风格和权力话语决定，全球的服装形态仍然是一种欧洲中心发布，各区域修正调整、适合的局面。（图7-6）

在欧美的服装世界也不是一成不变的，欧美服装的内部也在发生巨大的变化。由于全球一体化，欧洲中心以外的服装文化正在冲击、影响、改变着欧洲的服装设计。在欧洲服装设计界，也形成了中国热、印巴风、非洲风情、南美风情，发展中国家的文化形态、艺术风格也成为发达国家设计师追逐的目标和选择的资源。所以从某种角度来说，这个世界是平的。

经过现代社会，今天的全球社会形成一种多元文化共生，并且是异质同构的共生，即所谓后现代文化生态。在前面的章节中我们已经聊过了后现代文化生态的基本特征，相对于服装的文化生态而言，就是没有一种服装文化形态是主导性的、中心性的、绝对性的形态。今天的服装形态已经成为一种无中心的、互构的、相互影响制约的服装生态。任何形态的服装在这个前提下都有其存在的合理性，任何服装形态都是以其他形态作为参照而存在的。

图7-6 欧洲古典油画中对服装的精细描绘 荷尔拜因

三　流行时态与地域差异

在上面的章节里，我们指出了世界的平面化，更多的是描述了服装流行文化的共性规则和特征。在这种大的前提和规则中，在不同的国度和区域，甚至在不同的地区和城市，都客观的存在着服装的变异因素。流行的周期不只是一个时间概念，而是一种形态的宽泛性和影响力。比如我们在认识时装概念的时候，在一个时间段流行的服装，还仅仅是时间概念，事实上在巴黎流行的时装概念，跟在中国的服装流行概念也许是同步的，但在这个时间段的真实形态却是不一样的，存在很大的差异。也许它的潮流和款式都是一致的，而它的型号、尺寸和穿着的接受效益却不一样，那么往往同样的时装就需要针对不同区域的消费者进行更改，甚至是专门的设计。即便是同一品牌的同一产品，在同一时间段内针对不同区域的消费者，都要做出适当的调整才能适应。

时装的传播和其他文化艺术传播一样，是逐步被同化和改造的。这正如印度的佛教文化和佛教艺术传到中国来，原先的男相换做女相，原先的威仪变成了慈祥，原先的不食人间烟火就变得世事洞明，人情练达。文化在传播过程中都是有变异的，不仅西方的文化传到中国来有变异，中国的文化传到西方也有变异。因为具体国家和区域的人类都是按照自己的生活方式和习惯来看待别人的文化，所以，对文化的接受是取决于接受方式、情感方式和价值观。只有建立在普世文化共识上的流行文化似乎才是通行无阻的，经典的文化在传播中是必然要受到阻碍和误读的。

> 案例：随着经济全球一体化进程，国际流行文化也在全球各地域呈现。地域性与国际性，传统与流行的矛盾日益明显，流行时代与地域差异有两种现象，一是两者混合，比如中国人上穿背心下穿牛仔裤，上穿西装领带脚蹬圆头老布鞋；二是两者平行，如日本人上班穿西装，下班穿和服。

地域性的差异来自于对本土文化因素的固守和遗传。比如，内地的设计师会在西方传来的牛仔裤上绣上凤凰，恰好符合中国的青年女性对流行趣味和民族异趣的双重满足。泰国的设计师会在时尚的T恤衫上印上大象。印度的设计师会给西方的晚礼服配上"莎丽"。由于各地、各国家区域有着不同的生活习俗，也有着不同的风仪、面貌和肤色，有不同的体格、身材和行为习惯、语言习惯，所以即便是在对国际化流行趋势的接受中，也呈现出不同的景观。各个国家和民族由于文化不同，宗教信仰不同，衣着文化和风仪也都不同。比如同样都是穿男西装，日本穿西装会体现出因工作勤奋和节奏紧张所呈现出来的紧凑、干练，因为繁文缛节、频频鞠躬所呈现出来的束缚和拘谨。中国穿西装则自然体现出因意识形态而呈现的共性秩序，严肃矜持和礼教消解、规矩松懈、散漫松散，往往领带都系不紧。泰国人穿西装合十致礼，体现出佛教国家的温文尔雅和中规中矩。

服装设计师应该尽量拓宽自己的视野，以美学、人类学、文化学的高度来看待自己的专业，观察体会今天处于国际潮流中和传统习俗之间的文化处境。如此对自己的设计就会提升眼界、触类旁通、促进创意灵感。（图7-7）

图 7-7 古埃及壁画中的服装形态

思考题

1. 如何理解服装设计的经典与流行的关系？
2. 在今天的国际消费文化生态中，如何把握和理解服装的民族化、本土化和国际化？
3. 举例说明地域文化和流行文化在服装上的体现。

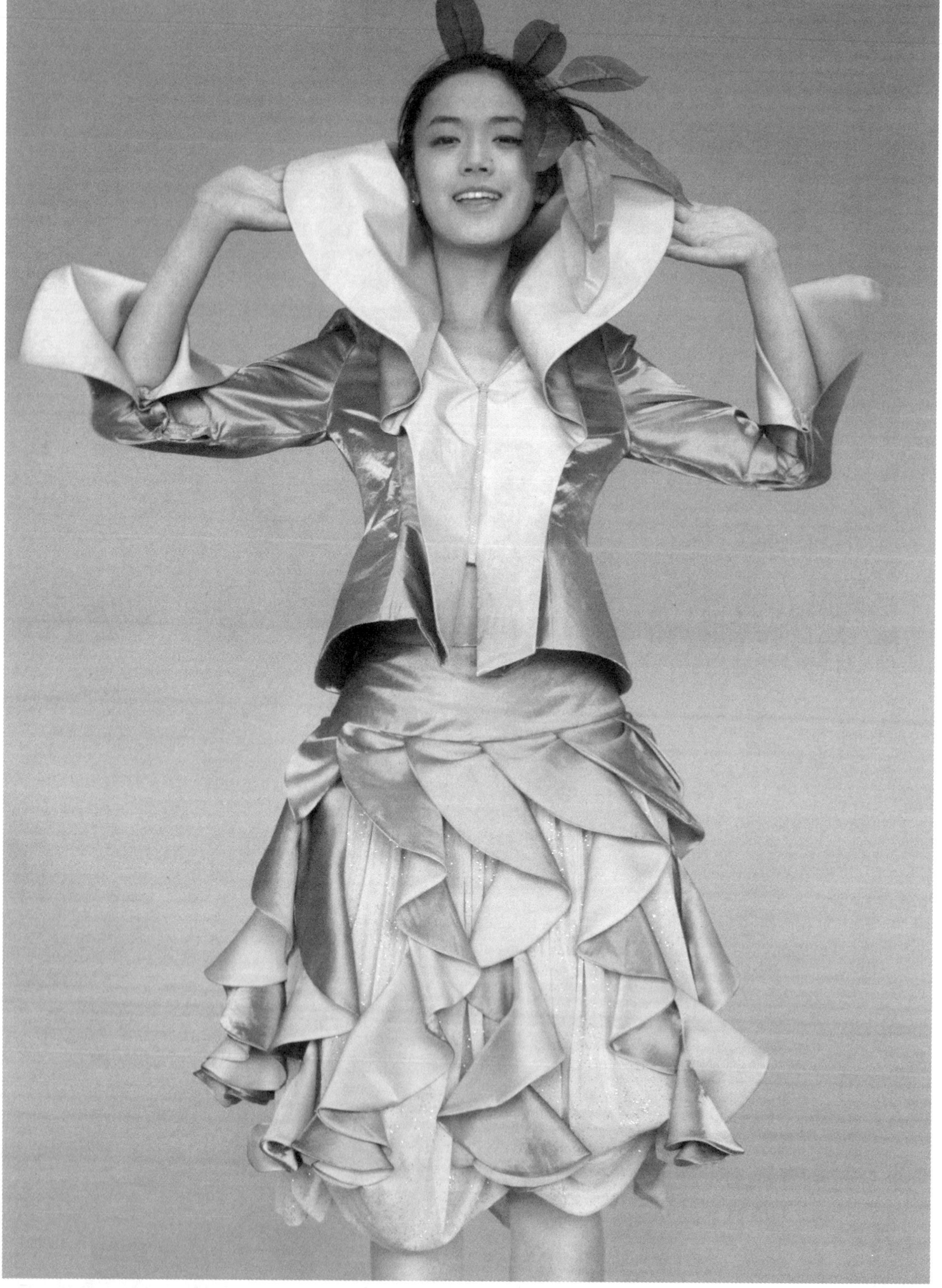

高等院校服装专业教程
创意服装设计学

第八章 民族服装的传承与创新

对于民族服装、服饰，尤其对多民族地区的服装认识，应该从生态保护和时尚创意这两个方面来定位思考。生态保护是为了保持特定民族的文化价值和民族地位，因而这种保护越保持原生态越有意义。而时尚创意则是从特定民族服饰中撷取元素资源，以流行文化、时尚创意为主导，创造出符合时代审美旨趣的新型民族服饰。前者是民族服饰的内涵，后者是民族服饰的外延。

一　服装的原生态保护和延生态创新

每个民族的服装是其民族文化和民族特征的最直接表达，也是民族价值、民族地位、民族形象的直接表达。服装可以说是活的穿在人身上的民族博物馆。汉族由于文化的统一性和中国现代史的革命性、实用性所致，民众穿着基本消失了民族特性。尊重、研究、保护民族服饰，就是尊重和保护民族文化的具体方式，就是使民族文化传承的可行方式。

在经济发展社会发展的进程中，人们的服装服饰往往是受商业潮流的推动与制约，少数民族地区也不能避免。随着信息化国际化进程，许多民族地区的年轻人服装已经全盘潮流化。在这种国际化潮流中，更应该保护研究民族服装的原生态，以保持民族自身的文化价值和民族地位。（图 8-1）

每一个民族的服装服饰都受到地域、气候、生活方式、生产方式、宗教信仰、礼教伦理的规定。在民族共生的地区如云南怒江，各民族之间服饰有许多共同特征，这是由于民族间文化传播交流和共同的生活条件影响。各民族之间也有着差异性，正是这些差异性特征，构成各民族既定的风格特色。在认识民族服饰中，梁明玉体会到，差异性因素越大，原生态特征越强，传统意味就越浓厚。人类对传统的承续，是借靠对传统习俗的教习、遵

图 8-1 贵州黔东南州的苗族儿童身穿盛装

116

守,对服装的继承是靠遵守前人的规范和经验,代代相传、生生不息,如果没有外来因素的干扰,在相对封闭的条件下,传统服装样式、制作工艺、体制规范会原封原样传承下来。我们曾经在黔东南州黄平县革族村寨考察一个月,革族与苗族生活在相同的地区与环境中,语言相通,但服装却保持了一些独特的样式,革族人很注重服装与其他民族的差异性。小女孩从能捏住绣花针开始就在大人的指导下绣自己的嫁妆。一件嫁衣要绣许多年才完成,所有的图案和工艺都是祖祖辈辈传下来,这就是传统的力量。每一个民族的服装服饰都蕴含着丰富的历史人文沉淀。正是民族之间的差异性,丰富了一个区域、一个国家的文化传统和景观。保护各民族原生态服饰就跟保护自然生态环境一样重要。保持民族服装原生态,就是保持其独立性、差异性,否则就会使民族原生态消解在外来文化和时尚潮流之中。我们今天强调保护民族服装原生态,就是尊重保护民族的文传统价值和尊严。这种保护,我们认为越纯粹越好,尽量不用时代和外来文化的因素去干扰民族既定的原生态。

各民族服装在历史的发展中由于共同生活条件和各民族相互影响,形成一些共性。但有一个重要的规律,千百年来,这种影响和改变都是在各民族老百姓中自生自发地演变,并没有刻意通过文化活动输入大量异类文化信息去影响促进其演变。但我们今天却不是这样,在普遍急功近利的发展趋势中,这个问题值得我们认真研究反思。

对于保护民族服饰文化生态,应该通过保持家庭、部族的习俗传承,提倡保持本民族的礼仪传统、生活方式、语言环境和文化环境。使民族的年轻人认识到自己民族服装独特的文化价值和审美趣味。同时,政府应注重采取加强对民族服装这一活的博物馆的保护措施,用政策和资金支持民族传统的面辅配料、服装的生产方式和制作方式以及交易市场。在文化教育生活习俗上保留自身传统信仰,使之成为生活的重要内容而非旅游招来的商品符号。(图8-2)

图8-2 贵州省黔东南州苗族服饰

二 民族服饰资源选择和创意拓展

在保护民族服饰原生态的同时,不可避免地要受到当代文化潮流的影响,这是不以人的意志为转移的。如何做到既要保护原生态,又要与时俱进地发展民族文化使其进入现代社会空间？我们认为这需要把保护原生态和服装的现代化创新区分开,才能处理好保护和发展的关系。保护生态应尽量避免当代文化潮流因素去干扰原生态,使其在相对自治自为的环境中保持相对独立的生活方式、文化价值和艺术形态,形成其自身的文化主体。而民族服装的创意设计,譬如我们正在进行的大赛,则应将其看作流行时尚、消费文化的一种积极方式。这种创意设计可以促进对民族文化的认知,增加整个民族地区文化生态的活力,使民族地区的服饰文化更富于现代性,同时可以促进旅游经济的发展。我们今天所有的发展意愿和创意设计都是以当代的文化标准和发展指标去衡量和定位的,这与保护原生态并不矛盾。保护原生态是确立独特的文化本位价值,而创意设计文化发展是民族文化共时性的发展生态。

对民族服装的创意设计,就是以时尚潮流,以流行文化为根据的。它本身就是当代流行文化的一部分。明确了这个原则性前提,我们的创意设计定位就明确了,不是为了确立原生态,而是以原生态服装为灵感,创造出具有鲜明民族特征的现代服装时尚。明确了这个定位,那我们就可以自由地创造、撷取原生态服装的要素。以当下的时代眼光去审视选择,从而创造出与时代潮流共生的民族服装形态。

(一)对民族服饰的资源选择

今天全球性文化共生景观,实际上就是以消费为核心的文化资源选择。我们的服装教育,我们的服装观念,都是立足于全球性的消费文化。民族服装要有长久的,与时俱进的生命力,也必须转化到当下的文化处境中来。所以,民族服装大赛的创意设计和评判标准均应以现代服装观念对民族服装资源的选择创造。我们在选择民族服装资源之时,是要抓住民族服装的要素和独特性、差异性,抓住最能表现这个民族生命本质和形象特征的东西,根据我们对怒江地区主要的四个民族的观察,发现他们各具特色。怒族是怒江流域最古老的居民,历史悠久,怒族的服饰是盛装极盛,满身绣工装饰,而朴装极朴,那么在撷取怒族服装资源时则取决于设计师的丰俭取舍。(图8-3、图8-4)

图8-3 (左):藏族服饰 (右):苗族妇女发型

118

图 8-4 贵州黔东南州苗族盛装

　　独龙族服装给人的最深印象是竖条纹。粗细不一的条纹被广泛运用在头巾、披肩、裤、裙、围腰上,那么这种条纹就可以作为主要资源来选择。傈僳族的服装特点是注重头饰,头饰上有圆型银饰或刺绣物。普米族的服饰特点是百褶裙,头巾用方帕折叠而成,一般上衣为深色下装为浅色。

　　以上各民族的服装特点,实际上是靠设计师自己的眼光去观察捕捉,去选择。每位设计师的造型素养审美眼光不同,选择也就不同。所以,民族服饰创意创新是多元化的创造,跟原生态相去甚远。选择资源必须有设计师的主体处理,这些资源可能是服装结构,可能是装饰风格,可能是色彩关系,可能是局部工艺。就看你选择什么,以符合你的主体创意。在创意主体的指挥下,这些资源可以拼贴、复制、转移、重组、变异,从而产生丰富的效果。

　　这种创意效果,往往不能以像不像原生态来判定,而是在原生态资源选择上的全新创造。由于出自原生态,看上去有原生态意味,但又有多样化的现代语言,这种意味含蕴丰富,有强大的生命力。这种创新就是以当代人的感受去表现历史和传统,用历史和传统来扎稳我们当下的根基。

　　在梁明玉的设计实践中,从一开始就是以自己所需去选择民族服饰资源,所需是什么呢?就是要将民族传统带入当代的责任,就是这种坚定的理念。梁明玉在设计《南国魂》的时候,选择了苗、土家、汉族服装的有效元素,保持原生态的面料质感和工艺方法,比如掌握了传统手工印染工艺,梁明玉觉得民间染农的花版太传统太模式

图 8-5 《南国魂》梁明玉 1991年

化,达不到表现目的,就重新刻版,以现代构成重组传统图案。但人们都能看出《南国魂》明显的西南少数民族痕迹,又分辨不出到底是哪个民族,同时感觉到是国际化的现代语言。(图 8-5)

(二)民族服装的创意空间

原生态服装由于其习俗的规定,其发展是有限的,而以民族服饰资源为选择的创意设计,却有着无限的发展空间。这些空间就是当代社会、文化、资讯,各种艺术样式形成的包容关系。

对民族服装的创意空间如何理解,我们认为是要把握一个基本的空间维度,就是民族服饰的灵魂性框架。在形态上保持我们东方的、中国的、云南的、怒江的特色结构符号。在这个基础上,我们可以广涉世界服饰的精华和流行趋势。那么,丰富的创意就有了根本的底蕴。让人一看就知道你的根在哪,你的出处在哪。同时,你又是世界服装潮流的参与者和弄潮儿。

设计师在考虑这个创意空间时,就要把握一个基本的意象架构,就是民族服饰的空间维度。在选择众多当代资源时,怎么来符合我们自己的空间维度,该选择什么不选择什么,怎样适配我这个维度,从而形成既丰富又个性突出的创意空间。这种空间营造是由许多细节构成的,结构、样式、配饰、色彩、面料、工艺、质感……你在选择、处理这些细节时,都要以你确立的空间维度来把握。对其他资源选配太多,就会失去自己的主体风格,选配太少,又不够丰富和具有时代感,所以最重要的是设计师用心去把握一个度。

(三)民族服装的价值转换

民族服装的价值有人类学价值、社会学价值、文化学价值、美学价值和艺术形式价值,前几种价值非本文所能尽述,在此我主要想讨论一下民族服饰的形式价值。

原生态服饰的形式系统,来自特定民族对生命、生态、生活、人际、宗教的理解和对话方式、表达方式,我们面对原生态形式系统,是根据我们的原创需求,是立足当代的选择。所以,历史文化的负荷要尽量减轻淡化,而现代的形式语境要加强,这样才可能创新。如果既定的民族形式系统先入为主,就会固化设计师的思路。

当原生态形式要素被我们选中,一般说来会进行纯化处理,就是使这些要素脱离原生态语境,而进入当代语境中来,说的是当代生活,当代的事,当代的时空。我们的当下时空是什么?就是流行文化、都市语境、传媒话语。在怒江州举办了一个大赛,邀请了全国院校的优秀评委,评出一批作品,这些作品由设计师创造出来就出于当代语境,出于当代流行文化的规定。怒江州以文化搭台,促进旅游发展,也同样是当代商业文化规定。这里的价值转换、语境转换,就是把原生态价值转换成流行文化价值。

这个审美价值、艺术观念的转换,对设计师是尤其重要的。你必须转换到当代设计语境,你的艺术才真实,你的语言才感人,你的作品才有气息,你要是语境暧昧、语言不清、模棱两可,就很难有创意创新。(图8-6、图8-7)

> 案例:石柱土家族自治县政府公务员服装创意设计。石柱县是土家族自治县,土家族人口几乎占全部。物产丰富,风光秀丽,是个资源县和旅游县。政府高度重视公务员形象,与西南大学合作,设计了该县政府公务员的形象服装,突出了自治县的人文特色。

图8-6 土家族服装的现代时尚创意

图 8-7　（左）：土家族服饰经设计师的创意，成为十足的国际化时尚。
　　　　（右）：石柱土家族自治县政府公务员服装设计稿

三　民族服装的创意智慧和设计语境

(一)民族服装的表现语言

在民族原生态服饰中，服装的表现语言有自身的规律，有自己的色彩心理、装饰观念、仿生意识、神灵观念、财富观念、表现心理，以及由之形成的独特的语境。比如怒族的盛装是全身刺绣，夸张极致，设计师就要做减法，把元素提炼归纳，根据现代服装构成意识，用素底去衬托局部的绣花。民族服饰尤其是云南民族服饰整体特征是装饰性强，通常这种装饰特别繁芜，尤需按现代设计的视觉法则对其进行结构、图案、色彩因素的梳理重组排序。

关于民族服装的表现语言，归纳起来，有如下几个方面：

（1）观念性语言：原生态民族服装语言都是有观念性的，或者是自然崇拜，生命繁衍，或者是财富表现，伦理秩序……这些观念性决定了民族服装的特殊语言。我们今天的设计，对这种观念性的选择，是立足于现代人的观念去选择，去提取反思这种观念，将这种观念并入现代人的观念，这样就决定了服装设计的创意灵魂。

（2）结构性语言：民族服装的结构语言，在千百年的历史中，固化了基本结构，在设计创意中，是按国际流行趋势和现代人穿衣的结构特征去与民族服装的固化结构冲撞、融合，在创意中，有意识打破固化结构，把结构当成语言来抒情，来表现，而不要被结构来固化了你的创意思想。

（3）装饰性语言：这是民族服装最大的特征，也是她的生命力。把这些装饰意趣充分调集起来，运用到设计创意中，这是容易产生视觉效果的方法。

（4）差异性语言：即各民族之间的差异性，在设计中强调这种差异性，在差异性中找出某个民族最具独特性的因素，就能使你的设计作品最具个性。最突出怒江州傈僳族的形象大使，巨大的头巾造型，显然经过专业设计师的再创造将头巾要素放大体量，有强烈视觉效应，创造性地突出表现了傈僳族的形象。（图 8-8~图 8-10）

图 8-8　第 29 届北京奥运会闭幕式民族服饰

图 8-9　民族服装和饰品　（左）：藏族服饰　（右上）：藏族首饰　梁明玉

案例一：北京奥运会闭幕式五十六个民族的现代服装表现语言。奥运会闭幕式按照总导演的创意，民族服装既要保持民族特色，但又不能照搬原生态，一定要体现灿烂辉煌的、璀璨浪漫的艺术视觉冲击力。设计师们理解了意图后，反复推敲，下图所示藏族服装提取了藏族服装的最动人的特征，长袖、玛瑙珠、七彩的围裙布，把这些因素化成形式和色彩的音符赋予其旋律，进行了浪漫的理想化处理。下图所示的彝族示意图获取了彝族最明显的特征，头上扎着英雄结，设计师把彝族的查尔瓦简约化，增强了服装的活力。因为苗族的演员众多，导演和设计师都希望用苗族的银饰来堆砌形成巨大的视觉震撼，发出佩环的鸣响。于是把本来很局部的银饰夸张到全身，这样既突出了苗族服饰的特点，又达到了震撼的效果。

图8-10 以民族服饰为创作资源的全国服装大赛获奖作品

案例二：北京云南大酒店迎宾服饰。云南大酒店是云南省驻京酒店，其员工的服饰都具有云南民族的风情，迎宾的服饰尤其惹人注目。设计师的创意没有落实在具体的每一个民族上，而是将云南各少数民族的服装特点综合起来，用黑色的基底衬出鲜艳的刺绣图案和银饰，集聚了浓郁的云南民族风情，又很昂贵典雅，提升了酒店的档次，使入住的宾客感受到云南民族的特殊文化气氛。

(二)服装表现语境

这是创意设计要达到的境界,有独特的美学境界、时空境界,或者虚幻的境界。总之你的设计创意要给人一种独特的语境,才能给人以民族的美感和时尚的快意。

服装的语境是通过语言形式达到特定民族的文化气氛,和某种叙事的场景。民族的服装中,由于地域、气候和民族文化的差异,会给设计师提供众多的文化景观审美叙事。设计师根据自己的感受去捕捉和表现艺术语言所要表达的境界。比如,用五彩缤纷的轻薄面料和太阳伞去表现亚热带的风情。而大凉山的移民,披着羊毛毡披肩或裹着查尔瓦,打着黄色的大伞,设计师可以从这些服饰、符号上着手,去表达那种雄伟而苍凉的生命环境和视觉气氛。设计师叙事的语境和造型叙事的语境是充分自由的,往往要超越出具体民族服装的规定性,抓住特征和符号,海阔天空、自由想象,有时候捕捉住其独特的服装款式而发挥,有时依据其独特的色彩而发挥。在其基本款式上,用结构和色彩追求变化,比如生活中的土家族服装一般是蓝色和灰色居多,也点缀少量鲜艳的颜色。但设计师在表现的时候,却可以放大那些装饰性的颜色,而将其变作为服装的主体颜色。这样的创意既保持了民族服装的基本现状,又张扬了她的生命活力。没有人会去追究你的创意是不是原生态。

(二)服装表现的语法

表现语法是指不同手段和特别话语,分别有取舍、缩放、排序、虚实、繁简、强弱等。取舍是对原生态服装的按需选择;缩放是把有效的资源在视觉上作调整;排序是把选择的资源按现代视觉心理重组;虚实是广泛运用在面料、图案、裁剪比例上的有效方法;繁简、强弱的语法更诉诸于自己的艺术感觉和判断。其程度是靠自己的艺术修养和造型能力、审美趣味去把握的。民族服装的视觉资源是非常丰富的,民族服装的审美心性是非常自由的。她丰富的资源甚至要大于设计师的创意主体。设计师如果没有对民族服装的深厚情感和认识,那他(她)的表现还不如民族服装的原生态。所以,我们强调设计师应该在民族服装的巨大宝库中去寻求资源,拓宽自己的创意视野,用自己的专业修炼和现代意识去选择民族服饰、表现民族服饰。在这个过程中,也会不断的生发出与众不同的表现语法。

民族服装的生态保持和创意发展是不同的概念,但又有着相互依存的关系。环境和文化的生态,都需处理好保持和发展的关系,这需要冷静的头脑,良好的心态和对民族文化的高度责任。只有创新才有发展,只有历史才有根基。我们希望年轻的设计师在时尚的潮流中,保持对民族文化、服饰传统的尊重、珍爱。认真研究传统历史,把我国珍贵、独特的民族服饰文化发扬光大,与时俱进,使中国多民族文化更加辉煌,光耀于世。

思考题
1. 什么是民族服装的原生态和延生态?
2. 你认为当代服装设计应该如何选择民族服饰的资源?

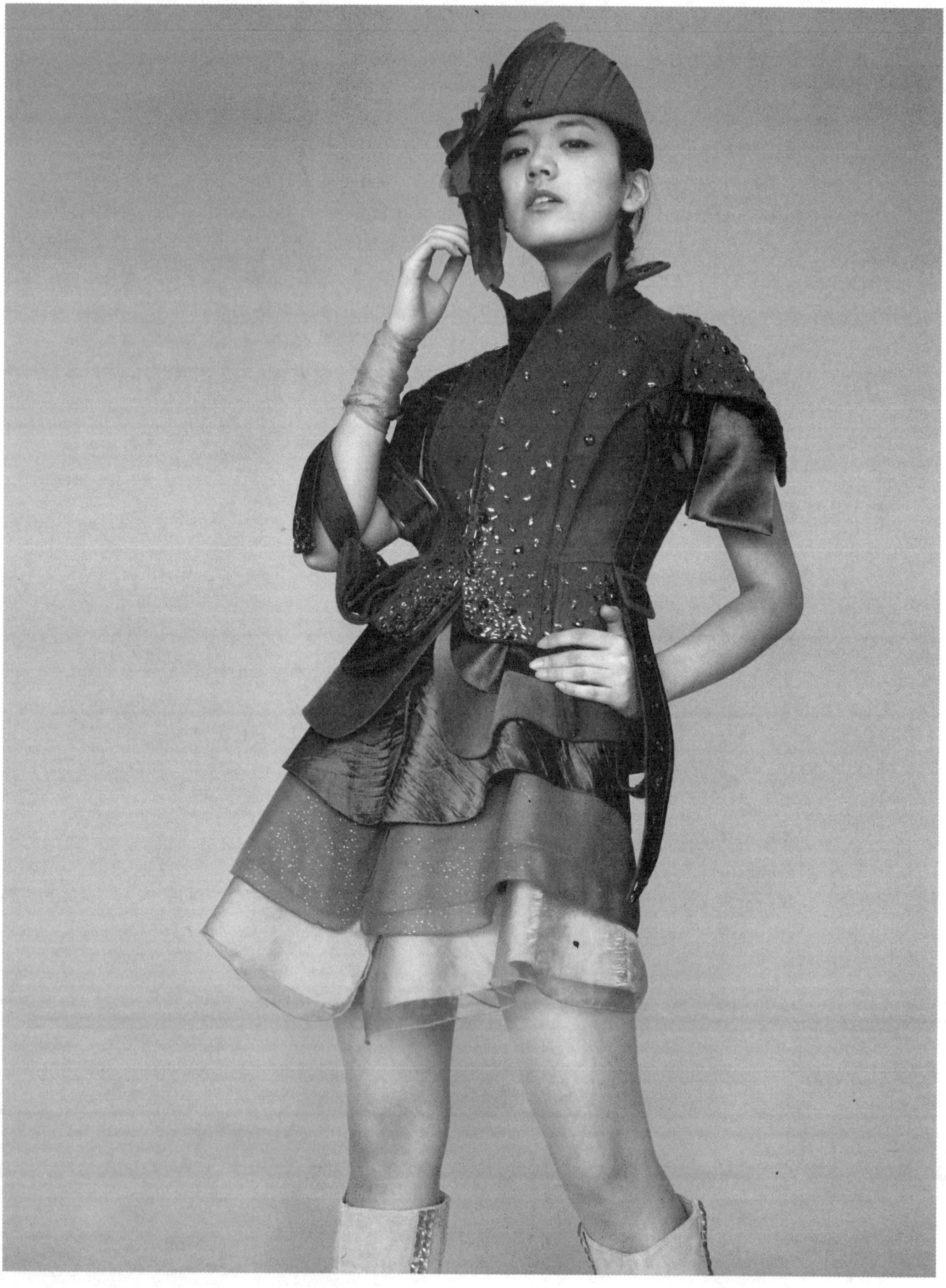

高等院校服装专业教程
创意服装设计学

第九章 创意设计与演艺服装

演艺服装是一个特殊的领域,所有的演出艺术、舞台艺术都离不开服装。舞台和荧幕上的服装创造灿烂缤纷、璀璨辉煌的世界,也展示着服装设计师们天才的创意和精美的设计,相比在商店里出售的服装,演艺服装的创意可谓巨大,有时跟市场出售的服装是相反的,市场的服装往往是创意过分,演艺的服装往往是创意不够。

人类的演艺服装也有着悠久的历史,从古代的祭祀服装就有了演艺服装的成分。希腊时代戏剧发达,而我国商周时代,则有了辉煌的演艺文明。舞台上的艺术总是要高于生活的,人们把生活中不能表现的形象在舞台上趋尽自己的想象来表现。舞台是虚拟的,观众对虚拟的世界能够宽容理解,所以明知舞台上的东西不是真的,也信以为真,因此,在生活中,那些穿不出来的服装在舞台上却会产生奇异的效果。由于人们要在舞台上达到心中的境界和现实生活中不能呈现的意境,总是千方百计地要把舞台上的形象做得很漂亮甚至很夸张,这就给服装设计师的艺术创意留下了广阔的空间。

演艺服装与市场消费的服装有着几乎不同的审美依据和形态规矩,因而演艺服装的设计创意有着它自身的业态规范和特殊的设计语言。由于演艺服装的独特规定性,演艺服装的设计师都是依据不同的演艺形态把握特殊规律的专业人员。演艺的概念就是表演艺术,人类的表演艺术大致可以分作舞台类、电影类、电视类、综合类。舞台类的演艺有话剧、传统戏剧、舞剧、歌剧、杂技、舞蹈、音乐剧等,这些表演形式依据自身的艺术规律和表现语言对服装有着各自不同的要求。电影类又依据电影表现故事和年代的差异对服装需求不同的国度、民族和时代的形态。电视类的表演形式有综艺晚会、大型歌舞、小品等形式。而综合性的表演通常有广场艺术、景观表演艺术,如大型体育赛事的开幕式、旅游景点的人文景观演出以及各类的群众演艺活动、赛事等等。所有的这些演出艺术都有自己的叙事要求和表现目的,以及服装规律和服装创意的空间和诉求,所以演艺服装的创意设计有着广阔的设计天地,可以让设计师们自由驰骋,发挥浪漫的想象和新奇的创意。

演艺服装首先是所属演艺系统的组成部分,演艺服装的创意是为了保障整体的演出效果和意图,因此,演艺服装的设计定位就是要服从剧本(项目)的整体目的和导演的表现意图。通常是从两个方面去把握:第一,是要以服装的创新、风格和境界的制造去达到或者吻合导演的需求,以保障整个剧目的完整性和完善性;第二,服装设计必须符合演员的肢体运动特征和舞台行为规范,并从服装与演员的适配性方面以及服装与演出程序的技术性环节去达到演艺项目的运行和安全。

在各类演艺中,服装都是至关重要的因素,因为艺术演出的主体是人,艺术叙事的核心是人,而服装的表现则是导演的人性关怀、艺术面貌和艺术意图最直观的体现。服装的款式、造型特征、色彩、风格呈现并决定着演出角色的身份、特征、性格及其精神属性。在演出的场次和场景中,演员之间的服装形态关系和服装结构关系、色彩关系都极为重要。它可以直接地表达剧目的叙事意图和表现境界。服装是导演调度场景的视觉手段,在演艺中服装是流动的风景线,它与演员的行为、灯光舞美的协调配合,呈现出完美的效果。

一 服装创意与演艺形态

演艺服装设计的创意必须建立在对演艺形态的充分理解之上,前面我们已经叙述了各类艺术形态对服装具有不同的诉求,了解各种不同的演艺形态,设计师的创意设计才会随心所欲而不逾矩。

(一)话剧

话剧是人类最早的舞台表演形式,古希腊戏剧就是以话剧为主体。话剧的主要表现工具就是语言,所有的肢体行为和舞台表现因素都要服从于这个核心要素。由于话剧的这个特点,它的舞台空间一般比较集中,场次的设置和转换也都很紧凑,舞美和服装都要相对语言的张力而形成共振。知道了这种美学话剧的艺术特征,服装设计就应该依循这种规律去创意。在传统的话剧中,服装设计一般不做豪华的铺张和过分的表现,以简约的表现形式来烘托语言的主体。

在今天的现代实验话剧已经打破了这种传统的话剧形式,话剧的语言随着精神的复杂多变,语言也呈现多样性和多义性。语言表达的形式也从传统话剧的主角独白和角色的语言对应发展到无主角和不相关的语言逻辑关系。语言的形式也从独白叙事和对话效应发展到诗歌白话、乡谚俚语、群言合声、吟唱吆喝无所不有。语言也与传统的话剧拉开了距离,由写实的叙事转向象征性和虚拟指义。话剧的空间形式也发生了巨变,声光电气、台上台下无奇不有。相应这些变化,话剧的服装自然也有了更丰富的创意空间。现代话剧的服装创意生发于剧本的原创精神和导演的意图。采用抽象的写意和象征的语言,也可以采用超现实主义和超级写实主义的手段来表现。总之,服装要作为一个积极创作的要素。(图9-1)

(二)歌剧

歌剧是起源于欧洲的剧目,它的起源可以追溯到中世纪的宗教赞美词的形式。文艺复兴以后,意大利和法国、德国歌剧盛行。歌剧伴随着宫廷贵族的艺术趣味和博大精深的人文精神,成为一种经典艺术的形式。现代的歌剧在保持了传统歌剧的基本体制的同时,也在音乐、乐队、舞美、服装方面进行了改善。

歌剧作为一种传统的经典艺术融汇了声乐艺术和戏剧艺术的精华,它的艺术特征紧紧围绕着主角的声乐技艺精华,用剧情、歌队合唱和相应的表演因素来烘托主角的声乐,而主角的声乐造诣牵动着整个剧目的升华。所以,一部成功的歌剧留给人们的印象往往是几首脍炙人口、经久流传的独唱。由于歌剧的这种艺术特征,歌剧的服装设计贯彻了对主角人物的塑造原则。歌剧人物的服装一般都比较庄重、静穆,符合歌剧唱腔的姿态,男演员的挺拔轩昂、字正腔圆、浑厚博大、深沉高远,女主角的高雅内蕴、亲昵柔婉、意味悠长、余音绕梁。他们的表演演唱姿势一般都趋于相对静态,没有剧烈的肢体运动,适合堆砌的服装造型方式,所以设计师往往在歌剧主角服装上,趋尽表现才华。为了突出人物形象,而夸大服装的体量,工艺制作也倾向于刻意的雕琢。配角人物也相

图9-1 戏剧服装设计塑造角色的内在灵魂和血肉丰满的形象。

应地保持了较为充分的质量。歌剧服装的设计集中的表现了人物的精神、内蕴、气度。现代歌剧,在消费文化时代,更加注重视觉艺术的豪华效果,往往是巨资打造歌剧效果。所以,服装的豪华阵容和奇特创意往往成为现代歌剧的重要看点。由联合国教科文组织扶持的三大歌剧返故乡的演艺活动志在用歌剧沟通发达国家和发展中国家的文化互动。在埃及演出的《阿依达》具有豪华的服装阵容,大象、老虎等真实的动物。在北京演出的《图兰多》给人呈现了中西合璧的辉煌璀璨的宫廷服饰景观。歌剧在舞台艺术上的经典地位从未动摇过,它也在不断地开拓创新。(图9-2)

(三)音乐剧

音乐剧脱胎于歌剧、舞剧,是工业时代和消费社会的产物。音乐剧继承了歌剧的经典因素,采纳了流行艺术和通俗艺术的成分。综合了舞剧和电影叙事性等多种因素,并建立了完善的营销机制和商演体系。音乐剧是高雅艺术和通俗艺术的完美结合,音乐剧的美学性质要求其服装设计具有多样的表现功能和创意特色,由于音乐剧的表现内容及其宽广,跨越度很大,所以每一部具体的音乐剧的服装设计风格都有独特的风格,比如表现神话故事的音乐剧《俄狄浦斯》,其服装设计及其夸张,把演员塑造成巨人的形象。脍炙人口的音乐剧《猫》,则是童话式的、寓言式的、象征式的形态,服装塑造了各种各样的猫人形象,这些猫人的服装造型各异,具有很强的表现力。音乐剧《基督明星》则用现代人的服装和言行来表现耶稣基督,其风格在现实和理想之间,再现和表现之间。音乐剧《西贡小姐》和《音乐之声》其服装风格则用写实的风格表现特定历史时期的服装风貌,但这些服装都具有亦歌亦舞的功能。(图9-3)

图9-2 舞台服装的创意烘托意境与情绪

图 9-3 （上左）：巴黎歌剧院 （上右）：歌舞剧服装 （下）：现代音乐剧服装

(四)舞剧

　　舞剧是由人的肢体语言来叙事和表现的戏剧。肢体在舞剧中形成了一套独特的语汇和表意系统,所以舞蹈语汇是表现精神和情感的,具有独特的语境和独到的语意。而服装是这种特殊语言系统不可分割的一个部分。服装在舞剧中已经超越出人体包装的意义。舞蹈服装和肢体运动共同形成了一种语言的神韵,所以舞蹈服装是与舞蹈语汇的不可分割的部分。高度的融合和共同的目的明确了舞蹈服装的这种精神性和美学本质,设计师必须明确舞蹈服装、舞蹈演员和舞蹈语汇那种灵魂附体、水乳交融的关系和状态。舞蹈服装的创意不仅是要符合肢体运动和人体工程,最重要的是要作为一种有效的舞蹈语汇和表意系统,塑造形态的完美,传达精神内涵和舞蹈的神韵。(图9-4、图9-5)

图9-4　舞台服装　梁明玉

图 9-5 舞台服装设计应塑造场氛 （上）：哭嫁 （下）：舞剧《瓷魂》三人舞 梁明玉

(五)传统戏剧

　　传统戏剧博大精深,具有强烈的地域性,所以说在中国的传统戏剧中,都是以地域来划分戏剧的形态和性质,如京剧、豫剧、川剧、沪剧、粤剧、汉剧、秦腔、黄梅戏、高甲戏,这些戏剧的服装也就具有浓厚的地域色彩,同时也具有高度的程式化。关于传统戏剧的服装创意是一个两难和充满争议的问题,这涉及对传统的态度,是保护还是开发。任何方式的创新都会被误读为背叛传统,任何传统的守持都会被误读为泥古保守。这里存在着悖论,尚有待服装设计师们做出自己的判断和创意。(图9-6、图9-7)

体验戏剧脸谱

图9-6　传统川剧服饰

134

图 9-7 罗马与威尼斯历史服饰已成为旅游景观。

(六)电影电视

电影被认为是最靠近生活的艺术和最远离生活的艺术。因为它具有高度再现和高度虚拟的艺术功能,所以电影的服装也具有很大的跨度。在近距于生活和忠实于历史的电影中,服装往往是中规中矩,影评家和观众用吹毛求疵的考古尺度来判别服装是否真实。而在表现主义和象征主义的电影中,在诗化的电影中,服装的形态又充满着浪漫神奇的表现性,观众们似乎也很乐意接受。在黑泽明的《乱》、卢卡斯的《星球大战》、索菲亚·科波拉的《末代皇后》中,古代的服饰缤纷灿烂、争奇斗艳、富于时尚,未来的服装神奇迷幻、时空颠倒。所以电影服装设计师的创意也是听从导演的旨意,用自己的创意才华去升华导演的意图。

135

电视作品跟电影作品很相像，都有着写实和虚拟的双重功能。电视由于其大众传媒的性质，服装制作更趋于粗糙和俗浅。伴随着电视传媒的综艺节目、大型歌舞晚会，一般都是瞬息万变、浮光掠影，形成模式套路。电视节目的周期总是很快，要轻易改变其服装形态也是很不容易，相关的电视演艺服装的设计师们应该抓住这种快速变化的特征，在服装的视觉形式上追求变化。配合电视节目尽快缩短服装"改版"的周期，以给观众提供丰富多彩的视觉刺激。

(七)演员的服装形象

演员作为公众人物，大众文化的明星，其服装仪态往往成为大众追逐的楷模和议论的话题。电影史和戏剧史上那些明角们的服装可能会成为趋之若鹜的流行趋势。如20世纪80年代，日本电视剧《血疑》的男女主角的服装风靡中国青年。在今天多元文化的时代里，这种情形发生一些变化，一般是形成族群的追风和效仿，比如，日本的歌星滨崎步的装束在东京和北京、上海的街头到处可见。电视剧《橘子红了》的民国女装，迅速流行在中国各城市的婚纱影楼。尽管今天的观众视野开阔、审美包容，但对明星大腕们的装束仍是颇为关注，引为谈资的。比如北京奥运会开幕式，莎拉布莱曼和刘欢的对唱《我和你》，莎拉布莱曼的服装宛若天仙，刘欢的装束却被网民广泛指责。从接受美学看来，无论刘欢和导演如何解释其着装效果和动机，都给这千载难逢、播扬国威的天赐良机抹上了一笔暧昧的灰色。（图9-8~图9-10）

图9-8 奥黛丽·赫本

图9-9 好莱坞的电影明星造型

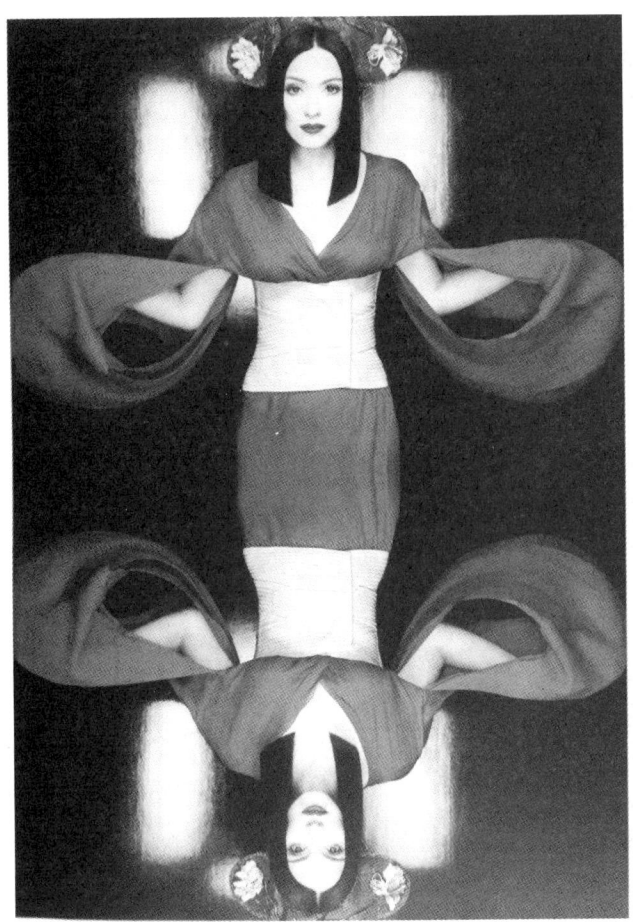

图9-10 (左):麦当娜的服饰造型 (右):玛丽莲·梦露的模仿秀

  明星崇拜是大众文化的美学特征,也是演艺明星们塑造自己的超级武器。演艺明星们的服装背后往往是由自策划班底的标新立异、趋尽招来,但并不是所有的明星装束都是阆苑仙葩、碧玉无瑕,往往也会成为众矢之的、金瓯叹缺。所以明星形象及其设计班底应该不断提升自己的包装策略和审美品位。其中的尺度就是使明星形象既符合大众的心理诉求,又能够启导和震撼大众。流行界的巨星其成功之处,均可见出其服装的运筹帷幄、用心良苦。比如迈克·杰克逊的不同演唱会均能按照其不同的文化针对性而具不同的装束,从而塑造出不同形态的流行文化偶像,街头少年、另类英雄、城市精灵、救世侠客。巨星麦当娜的服装也是非常具有文化指向和艺术创意,塑造出她不同的面目,性感女神、巾帼英雄、坏女孩、妖媚巫女、淑女名媛、国母政客,她的每一种装束都准确的传达了音乐的气氛和文化的旨意。中国的演艺明星服饰还未形成一种明显的大众文化精英形态,对演艺明星的服装对于大众文化的作用和关系研究也都处于粗浅阶段。许多明星的服装和形象还处于随波逐流、品位低俗的状态。有的明星具有很高的演艺天赋,但着装的品位和效果令人瞠目咋舌、不寒而栗。在大众文化流行艺术的潮流中,演艺明星的形象应该有专门的班底,研究策划,因为明星的服装面对不能轻视的大众期待,明星的服装应该成为悦人眼球的风景,而非阻人情绪的障碍物。

二 服装创意与导演意图

  在前述中我们已经明确演艺服装是演艺系统的部分,服装必须符合剧本宗旨、演出项目的诉求和导演的意图。服装创意人员应该依据剧情和整体风格，拿出服装创意。但服装设计作为一种具有独立审美价值的专业，服装设计师的独特创意往往能提升剧本和导演意图的境界及表现力。作为导演应该有这种调集服装独立的审美价值和艺术创意的价值的能力，使演艺服装充分展现出艺术的魅力和对剧情的表现力。

　　服装设计师在领会了导演的意图和剧情的表现诉求之后，应该把这种理解和感悟渗透到自己服装语言中去，而不应该过分局限于剧情和故事。服装设计师应该用自己的专业语言来诉说剧中的故事，表现剧中的境界，只有这样才能产生出演艺服装的创意闪光点。（图9-11）

　　优秀的导演对于他（她）要达到的目的是明确的，但对于他（她）期待的形象和效果却永远没有止境。比如导演对服装的要求，导演不是服装专家，不会由导演生出服装的创意，然而导演对服装是有朦胧的期待和无止境的要求，导演期望服装设计师能够拿出服装的最佳效果，但最佳效果是什么？导演是不明确的。这必须需要服装设计师创意形象和导演期待相碰撞。比如张艺谋导演北京奥运会开幕式只是对设计师们提出了总的设计目标

图9-11　（上左）：纪念《5·12》史诗服装　（上右）：设计师与北京奥运会闭幕式演员
　　　　（下）：服装设计师们听取消化导演意图（2008年北京奥运会闭幕式）

138

和艺术境界,设计师拿出的样衣,一次一次被否定,这是因为导演的期待值随着设计师的创意越来越高,从而不断地改变,不断地否定自己。优秀的导演是整合的高手,他能够整合设计师创意中的优长。优秀的设计师也是整合的高手,善于从一次又一次的否定中整合出共同的意向。成功的服装设计和演艺的服装效果都是要经历这种艰难的过程和与导演意图的反复磨合,从不断的否定中得出决定,所谓"九朽一罢"。艺术永远是遗憾的,演艺服装也是这样,没有最好只有更好。所以,优秀的设计师他(她)的创意是永无止境的,也是完美有缺的。

三 舞台空间与服装语境

(一)演艺服装的文化处境

演艺服装设计作为一种既具独特性,又具综合性的艺术,表现出很明显的时代文化特征,认识当代中国演艺服装的文化处境,对我们提升演艺服装设计的文化品位和艺术质量,非常必要。

中国当代演艺处于多元化文化生态,首先说传统形态,从表象上看,传统已经断裂,而新的文化根基尚未坚固起来。人们对传统的理解多出于功用的目的和现实认识角度,真正从精神本源上去正本清源者寥若晨星。传统断裂,是指传统服装的精华不能被当代设计者所认识、选择、变通。人们对传统的选择大都还停留在热热闹闹的表面层次。

再是经过"文革"产生了后意识形态文化,形成了一种高度的共性,并形成演艺语汇、内容、形式的程式化套路。过去是样板戏的套路,今天是大歌舞的套路。

第三个方面是,席卷中国的商业文化大潮。强大的通俗艺术、流行文化,造成急功近利的快餐文化,也使演艺服装形成快餐化程式套路。

对传统的误读,后意识形态共性和流行文化,共同构成了我国当代演艺的晚会化、大歌舞化的娱乐化趋向。有什么样的演艺样式就会有什么样的服装诉求,当艺术创作形成套路,服装设计自然也不会有所突破。

> 案例:演艺服装受制于整体的文化条件和氛围,中国的舞台演艺服从于后意识形态和商业社会通俗文化的规定,整体偏向大歌舞化和小品化,缺乏艺术的高品位和精神独立性,造成演艺服装的模式化和低格调。1993年,梁明玉设计的第七届全运会服装以红星毛泽东系列、体育七彩梦系列的服装艺术独立审美特性提升了整体的舞台艺术内涵和魅力。

应该看到,一方面,多元文化生态推动了今天的舞台繁荣,出现了一些令人耳目一新的创意作品。但同时,晚会化、大歌舞化的娱乐化趋向也使大部分演艺服装失去原创性,陷入整体的平庸肤浅。

(二)服装的原创性

服装的原创性就是设计师有自己的想法,设计师对导演意图,演员角色有自己的理解和创意,作为演艺的服装设计是独立的领域,而不是角色的附庸,服装是有主导性的,服装设计能够提升舞台角色的血肉灵魂和艺术品质。

我国的舞台服装设计,一般是行业圈内的专业服装人士。这样有好处,对演艺的规律、基本特征、功能性较为了解,但也容易形成模式化,不易有突破。欧美国家除了舞台服装专业设计师以外,还有一些时尚服装设计师从事舞台服装设计。如夏奈尔、戈尔基、皮尔·卡丹、三宅一生、瓦伦蒂洛、圣·洛朗、纪梵希等著名服装设计师都给舞蹈、歌剧、电影设计服装,这些时尚设计师把时尚的元素引用到舞蹈中。再如毕加索、夏加尔、克里姆特、劳特累克等名画家都曾给演艺圈设计过服装和舞美。或许，他们的专业规范少一些，但他们将其他艺术领域的优长之处带进演艺服装设计中。事实上，我国舞台服装近年来的一些新面目，大多受时尚潮流的影响，观众对演艺服装的欣赏，也带入了时尚流行的审美眼光。比较一下军旅舞蹈十年来的变化，过去基本上是真实的军装，而今天都是高度时尚化，突出躯体特征的时装形态，观众也都接受。谁也不去计较是否真实，反而觉得越时尚越真实，杜绝晚会化的肤浅，大歌舞的虚华。

审美品位的肤浅，其因在于设计师自身不注意学养，创意缺乏涵养，只是一味迎合晚会的虚浮、夸张，因此，在设计上往往是恣肆张扬，无暇考虑色彩、结构和表演肢体语言特征。对演艺服装而言，真正的美感产生于适合舞台形象内在外在的协调。在中国当下的演艺界，到处都可见到流光溢彩，满拾满载的服装形态。没有形式与心灵的适合，而充满了荒诞的浮华和暴发的心态。晚会服装往往没有服装结构的主调性，而是什么都往舞台上填，民族的、西洋的、古代的、现代的。各种不同风格的服装固然可以拼贴，但应把握一种度，协调统一，使之杜绝混乱无序，而保障丰富多彩。（图 9-12）

图 9-12 广场艺术的服装设计需要考虑流动与整体的效果。

晚会文化使演艺服装设计师的创作观念形成拼贴、挪用、复印、克隆。大量频繁、应接不暇的晚会，使设计师来不及静下来仔细研究剧情和导演风格，所以当代舞台上看上去都差不多，很少看到令人眼前一亮的新鲜别致。

晚会化的服装甚至到了泛滥成灾的地步，打开电视，全国各地到处都是这种晚会服装。其危害是固化了人们的审美心理，认为艺术就是娱乐，服装自然也是娱乐的包装。

艺术创造取决于艺术家个人。中国演艺服装界需要引进新观念，引进多样化人才，以个人化的创意打破共性化的晚会化固态，真正让创意成为演艺服装设计的核心。

四　什么是现代化,什么是民族性

按照舞蹈形态分类,往往把现代舞、民族舞、芭蕾舞、舞剧等分成泾渭分明的类型,服装也按类型设计。现代舞强调肢体语言,所以服装就薄、透、紧;芭蕾舞突出腿部形态,服装结构也就突出其肢体的美感;民族舞则注重飘逸感,天人合一的自然美观念,服装也就宽袍大袖。这些普遍规律创造了独特的美感,但规范化的同时也形成套路,不易有创意突破。

今天是多元化时代,艺术应该多元互补。打破类别限制,相互影响、渗透、借鉴,方可出新。尤其民族服饰创新,说穿了是一个文化变革问题。当下民族舞蹈服装,对其历史形态普遍缺乏当代的审视。意大利哲学家克罗齐说:"一切历史都是当代史",是说历史都是由自当代人的认识和选择。民族舞蹈服装,应该是当代人对历史资源、民间资源的选择。这种选择取决于设计师的修养和当代艺术意识和视觉经验。今天的时尚服装形态,资讯时代的各种景观,都给舞蹈服装提供了无穷无尽的视觉资源,许多舞蹈服装的设计者对这些资源缺乏关注,仍守着程式和套路。在设计演艺服装时总是刻意寻求传统文化与新事物的关联。在接到全国第三届城市运动会开幕式服装设计任务时,第一场是远古武士服装。导演只是提出一个意象和舞蹈动作规范。梁明玉从心里不愿搞成秦兵马俑的形象,因为亚运会开幕式已用过了。梁明玉有强烈的冲动,要突出中华武士的雄强大气,所以梁明玉用了古代罗马军团的盔甲,中世纪武士的长剑,隋唐武士的护心镜,服装出来后,威武雄壮,没有谁认为不像中国古代。还有几百个鼓手,梁明玉用时钟做成前胸后背,时钟象征历史,用透明塑胶布做成外罩,保留了灯笼裤的传统风格,没有具体的朝代特征,但一看就知道是中国的。梁明玉的努力是抓住中国的传统,借用多样的外界因素。梁明玉认为这种设计才有意思,在结构、色彩、符号上,必须有想法,创意,你才能动手设计。

在设计全国七运会开幕式时,有个舞蹈是表现少林武僧和青城剑姑。为了强调体育主题,增强视觉冲击,梁明玉把武僧和剑姑的服装背后掏了五个洞,用裹边工艺形成奥运五环,全身明黄,叫化妆师把演员的整个头部全涂上金粉,和服装融为一体,一群铜头金钢,气势雄强。如果遵照现实,剑姑的服装就只能是黑色,但梁明玉考虑黑配黄太压抑,就改成群青色,配上银色长剑,寒光闪闪,青黄对峙,佛拳道剑,那境界自然是威震海内,灿烂辉煌,这就是现代语言。拿到世界上任何地方都不输给谁。所谓扬民族之魂,长民族之气,我认为必须创新。在今天全球化时代,演艺服装如果没有掠人眼目的招法,谈什么弘扬民族国威?

五　创意品位在服装功夫之外

中国古代画论多以品位鉴别艺术高下。画品高下难以语言评说,但一眼就能看出来。演艺服装跟生活中穿衣一样,服装的高雅、韵味或庸俗、平淡,一看就知道。怎么鉴定演艺服装的品位高下呢?我认为首先看其是否真正与导演、编舞的创意相即相融。演艺的灵魂和外在的语言一致,甚至能提升演艺的境界。

创意的品位,往往是在服装功夫之外的修炼,是文化眼光和艺术通感。作为设计师,往往要着手于音乐、舞美、故事和相关历史、文学意境中,甚至在观众的期待中,去孕育一种灵感。

在《波罗蜜多》音乐大典中,杨丽萍有一段独舞,时间很短,是在雷电交加,暴雨将至的情景中,梁明玉体会作曲家何训田的意境,是把白蛇作为一种文化符号。不是要说雷峰塔的故事传说,而是营造点化宗教意味的主题音乐,这种音乐是很抽象的,如果把她打扮成白娘子的传统戏剧形象则平淡落俗,蛇妖的意味已经在杨丽萍的肢体语言中充分体现了。梁明玉的服装的着力点就应该在风雨雷电的场氛中用强烈对比的视觉点化精灵神韵。所以梁明玉用银片面料做成紧身的服装,用黑色衬托加强对比,突出肢体美感,用飘逸的似裙非裙、似带非带的写意点缀,这就恰好将宗教主题和文化符号精妙恰当地融为一体。(图9-13、图9-14)

图9-13 绘画、书法等造型艺术都能提升服装设计师的造型能力和艺术修养。

图9-14 (左)：游历世界、广泛阅读能够开拓服装创意的视野和胸襟。(右)：梁明玉拜访皮尔·卡丹

六　什么是国际化

通常理解国际化，都有着由文化隔阂造成的误读。所谓国际化，有人类共同的因素，也有具体的民族因素。这之间的关系协调，不直接拼贴，而是需要认真做成精品。产生于文革时期的舞剧《红色娘子军》，虽然是极左政治的产物，但艺术形式是很国际化的。至今，国际社会都很接受，老百姓也接受，是因为《红》剧用了国际化的舞蹈语言，又用中国符号说中国的事。"文革"前的雕塑艺术《收租院》就是用了国际共识的超级现实主义手法，表现了典型的中国故事，在当时（1972年）就受到国际上最前卫的卡赛尔文献展邀请。而今天，我们拿出的东西往往在全球化的风潮中丧失了自己的方向和特色。（图9-15）

中国今天的演艺服装与国际舞台是有差距的，这种差距不是文化，文化是不存在差距的，我们常说"越是民族的，就越是国际的"，这是指文化。主要是制作质量，艺术质量，表现方式的差距。人家的精工细致，注重原创、语言考究，我们的虚华、粗糙，不重创意。

肢体语言与服装形态的互动演艺服装尤其是舞蹈服装的所谓程式化，往往是服装过分受制于肢体动作的现实性，因而限制了服装形态的创意空间。这个问题是一个客观存在的现实，但仍取决于艺术观念。解决这种矛盾不是调和折中，而是相互启发、互助互动。

服装设计要考虑肢体动作的规范和功能，优秀的设计还要依据这种肢体功能，发现其美感空间。设计师在考虑形式、结构时，应该对舞蹈的动态空间有充分的想象和把握，心里早就勾画出舞台上肢体语言和空间变化。用服装结构把这种肢体美感突出到极致。

编舞和导演也要尊重服装设计师的创意，善于从服装创意中去提升肢体语言，使服装与肢体珠联璧合，交相辉映。优秀的服装创意会提升编舞、导演的创作思路，服装设计既要懂得适合肢体语汇规范，又要懂得用服装的美感去突破规范。演艺服装创意就是在规定性的空间中展开，设计师既要有天马行空、我行我素、神奇浪漫的空间想象，又要体会编舞、导演的初衷和意境。

梁明玉曾设计过一套藏族舞蹈服装，导演的编排中有表现长袖的动作，梁明玉就用京剧水袖的结构和超长度，效果异常的好，导演和观众都出乎意料，丰富了舞蹈肢体语汇、流动的美感。

肢体语言和服装形态的互动，这就是舞蹈服装的美学要义和艺术特征。这要靠心灵去体验，去与导演、舞蹈、演员磨合、浸泡，要从各种艺术的营养中去孕育。创意的空间是用自己的心灵去开拓的。

图9-15　全球化与国际交流是中国服装设计的必由之路。
（上）：梁明玉与伦敦服装学院的教授交流
（下）：上海服装节开幕式汇集各国名师

思考题

1. 简述舞台演出服装的一般特征，它与生活中穿的服装有何区别？
2. 如何理解舞台服装的创意既应该立足于导演的意图，又要超越导演的意图？

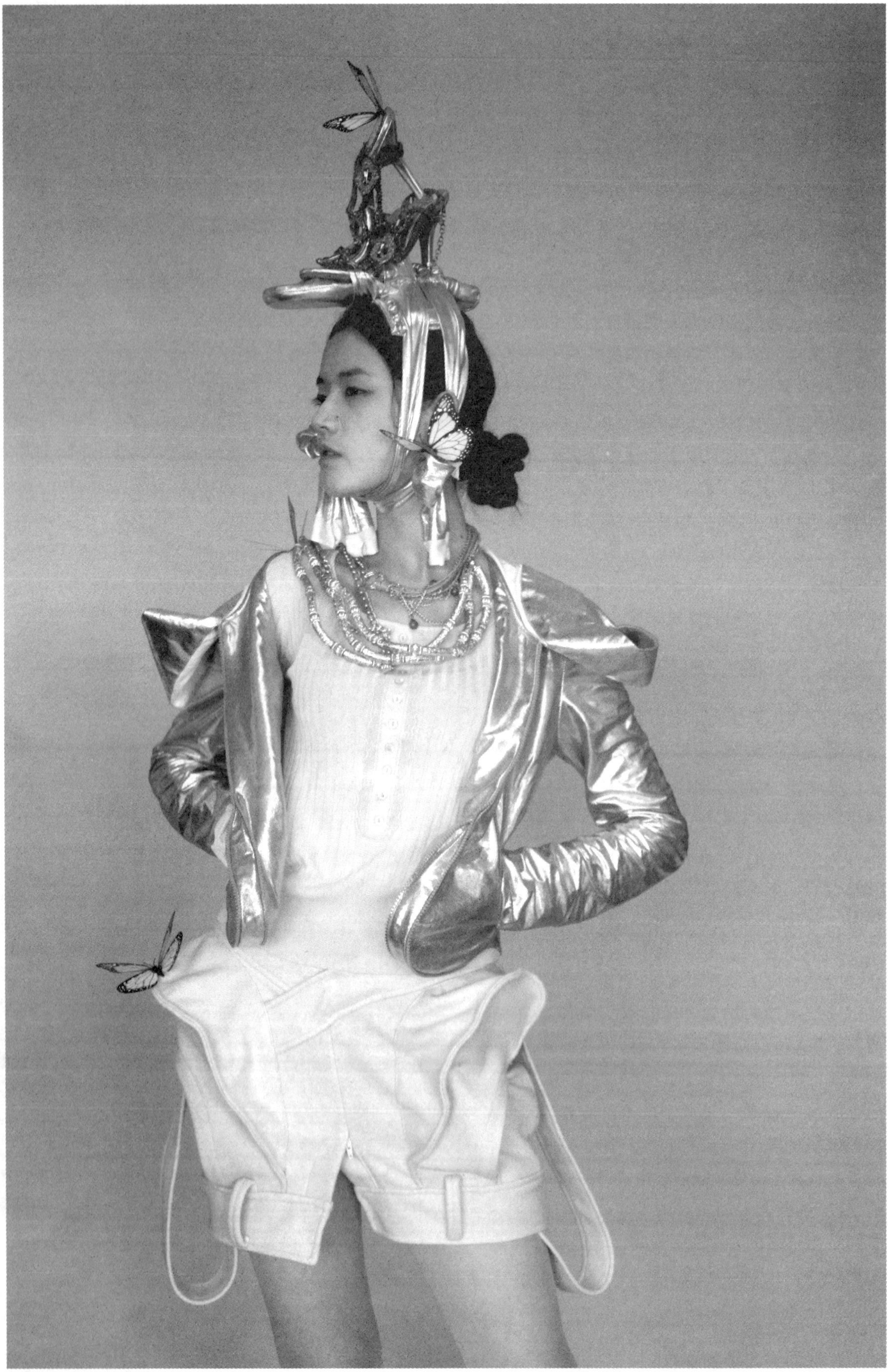

高等院校服装专业教程
创意服装设计学

第十章 作为纯艺术形态的服装创意

一 服装的精神性和文化内涵

　　区别纯粹艺术品和应用艺术品及装饰艺术品的根本所在就在于其是否具有传达精神旨意，表现独到的思想。在前面的章节中，我们已经了解服装既具有艺术的性质又具有商品的性质，如果我们将服装设计放进艺术学来认识，服装艺术生发、存在于广泛的应用基础，具有保障人类基本生活的功能性。因而服装首先是一种应用性艺术。其次，由于服装的广泛应用性和功能性，服装是一种被所有人类接受的最基础的载体，这就决定了服装的大众文化和通俗艺术的基本性质。在这种广义的概念中，服装艺术只是表现生活文化和大众审美，其精神的意义和思想的表现只是一种潜在含蕴的状态。在广义的服装、商品形态的服装、消费的服装，硬要说它有什么精神意义，未免刻意作秀、牵强附会。其形态学的意义也只是伴随市场的规律和大众的审美趣味而调整的适合性形态。

　　然而，服装还有其他的意义和形态，这就是超越服装常规普通概念和常规形态的纯粹艺术概念和纯粹艺术形态。服装的创作主体是服装设计师，对服装常规概念的超越，以及将服装作为设计师自由精神境界的表现手段。这一切都取决于设计师主体思想和超越意图。

　　艺术概念，由其感性和通泛的性质，是人类文明中最为庞杂和含混的概念。艺术作为一种桂冠，可以被任何人摘取，艺术作为一种高雅情绪可以使任何人自我陶醉。人类所有的行为和创造都可以看做艺术而自娱自乐，所以艺术的界限极其混淆，艺术的概念充满矛盾，致使某些理论家高呼"人人都是艺术家"。

　　但艺术概念是有层次的，艺术水平是有高低的，艺术家是有专业和业余的。虽然艺术的涵义没有客观的标准，但艺术的语言却有着它特定的规律。在民主化和消费化的今天，在日趋平面化的审美世界，没有办法，也没有必要在形态上区别什么是艺术，什么不是艺术。但却能够透过艺术的形态从其精神的含量和人文的深度去判识，什么是高端的艺术，什么是低端的艺术，什么是纯粹的艺术，什么是应用的艺术。

　　服装艺术跟所有的艺术一样，辨识其是应用型艺术还是纯粹形态的艺术，是看其精神的含量和思想的旨意。但这种标准仍然是不易辨别的，因为人们对精神和思想的认识也不一样。那么这时候，还有一种尺度可以参照辨别，就是看其作品对功利性的扬弃和否定、消解。这两种尺度相乘，便可辨别艺术形态和艺术品位的高下。

　　艺术的精神特征和审美的非功利性至今仍然是艺术的判别尺度。人们对服装艺术的品位认识也是依据这种尺度来判别的。功用目的和审美目的往往在具体形态中是混合的，只有在人们的意识判断中，才能分清楚。比如，高级服装和高级成衣比市场销售的服装更具有艺术性和审美品位，这是人们的共识。这种共识就是建立在以下这两种尺度之上的：其一，高级服装和高级成衣更能够体现设计师的创意思想和艺术个性；其二，高级服装和高级成衣离穿着的实用功能更远，离表现的艺术趣味更近。

　　作为纯粹艺术作品的服装设计是不以穿着功能为目的，而是以创意表现为宗旨。艺术的精神是不可诠释的，而艺术的形态是可以辨识的，艺术的境界是不可言说的，但艺术的语言是可以分析的。作为纯粹艺术形态的服装基于服装的功能性和审美性，在追求服装的审美性和艺术的精神境界过程中，对服装的功能性进行了扬弃、消解。如果说高级成衣和高级服装还可以穿着，甚至可以在特定的环境中作为着装者的形象烘托，纯粹艺术形态服装则不考虑任何应用功能性。服装的穿着功能在设计师手里已经成了一种表现艺术境界的手段。设计师在他（她）的创意中，考虑的是如何用服装的语言达到人性关怀和创意境界能指的高度。

　　服装艺术可以用它特殊的语言创造独特的语境，升华精神的高度。服装设计可以通达神人的境界、创造柔软的辉煌。服装以它独特的风采谱写了穿戴的史诗，纪录着人类精神的轨迹，表现着人性能达的境界。

　　在人类的远古时期，人类的服装曾经达到纯粹精神的形态。由于宗教祭祀精神的需求，人类在服装上表达服装的旨意，表现超越的神奇，用美丽的纹样和缤纷的色彩去表达对神的赞美和崇敬。服装超越了人的欲望和世俗功能就显得超凡入圣、创意卓绝。服装一旦介入人的欲望和世俗功能，就带来了创意的局限。当代的服装设计艺术是由审美的功能和艺术的创造替代了宗教的虔诚和静肃、痴迷与疯狂，使服装超越世俗和功能的规范去谋取心灵的震荡和安宁。

　　艺无止境，身外有衣、衣外有心，创意无限、意外有境，山外有山、人外有人。服装艺术和所有艺术一样，有无限的境界和莫达的高峰。在服装创意的道路上永远没有止境。

二　服装创意的本质是对人的关怀

无论是市场消费的服装或者是纯粹艺术形态的服装，或者是演艺服装和对民族服装的继承开发，服装创意的本质都是对人的关怀。

人是服装的绝对主体，也是服装创意的客观载体。服装创意所涉及的千头万绪、方方面面都是为了服务于人，都是为了研究人，都是为了塑造人，都是为了表现和提升人性的境界。在作为纯粹艺术形态的服装领域中，对于人和人性的表现大约可以分为两种方式：其一，是对人类具有的、所属的文化类别、历史形态进行形态的再现和境界的拓展升华，我们可以将其称作为再现式的创意；其二，是对服装艺术语言赋予抽象的表现方式和观念的反思和表现。前者类似于绘画、雕塑中的写实主义，后者类似于现代艺术的抽象表现和综合手段，我们可以将其称为表现性的创意。

在再现式创意的系统中，设计师的创意一般根据对其熟悉的生活环境和历史文化遗产、生活环境、自然环境、人居环境的感受，对这些环境中的资源进行选择组合，并以服装的语言，对这些资源组合进行其个人的关照和主体的阐释。在这一系统的服装形态往往带有明显的设计师所属民族、国度、区域的形态特征。在服装形态上，保持了服装各个部位的结构规定性。这种服装形态强调的是鲜明的文化类属指向性。

在表现式的创意系统中，设计师的创意所在，仍然是在再现性表现系统的文化条件、生存处境的规定之中。但设计师的创意并不依附于这些规定性，而是将服装的形式语言依据自己结构意图和表现意图重新建构文化编码和结构次序。在这个表现的创意世界中，设计师以他（她）超越的意识和娴熟在形式语言中随心所欲、自由驰骋。这一类的服装形态不落言诠、不拘形式，唯在于精神的独立和形式的趣味。

三　前卫观念与服装创意例析

《南国魂》创作年代：1991 年；作者：梁明玉；材料：家纺土布、手工夏布、手工豆浆石灰堵染、海绵充填料、苗族手工银器、响铃、顶针、铁链、自制首饰；服装数量：16 套；工艺：除家用缝纫机缝合，全部手工制作。

设计灵感：来自四川乡间蓝印花布，设计师深入川南乡村染农家庭监制，改造传统印花版，以布料群雕的方式解构传统服装结构。十六套服装结构各异、浑然一体，具有强烈的视觉冲击力和中国文化内蕴。

《南国魂》的创意设计，梳理和继成了博大精深的中国服饰传统。以中国西南少数民族服饰为基本意向，吸取欧美高级成衣的品质气度和表现手法。穿越中国民族原生态服饰的朴实性和苦难感，而呈现了雍容华贵、凝重内蕴的中国服装神韵。（图 10-1）

《红星毛泽东》创作年代：1992 年，作者：梁明玉；材料：粗呢毛纺、铝制军用帽徽、订制军靴、皮革手套、八角帽；服装数量：40 套；展示场所：第七届全国运动会开幕式；伴奏音乐：《歌唱祖国》（摇滚版）（瞿希贤作曲）。

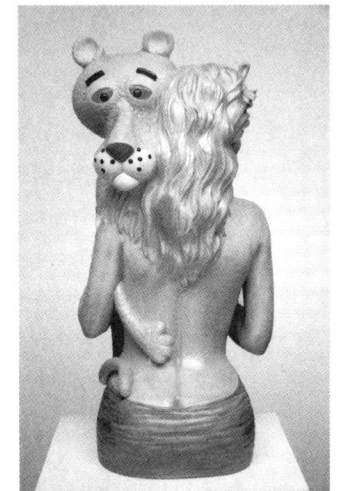

图 10-1
(上)：杰夫·昆斯的雕塑
(下)：中国风尚的国际服装形态
梁明玉

设计灵感：二十世纪八十年代，中国从"文革"意识形态革命时期全面转入经济建设和商品的时代。设计师有感于国人文化处境的剧烈变化，用毛泽东时代的军装风格和商品时代的材料消费、绚丽色彩组合形成强烈的视觉震撼和心理撞击，这种创作风格又称为"政治波普"，表现了历史的英雄主义气概和现实的荒诞处境，形态写意而真实、色彩艳丽、结构夸张而有据。军装的威仪与消费的意欲、理想的张扬和现实的茫然、光荣与梦想、失落与荒诞都通过巨大的衣兜、重叠的红星、整齐的步伐和时空的错位，得以充分表现。（图10-2）

《傩戏》创作年代：2009年；作者：梁明玉；材料：绫罗绸缎、PVC管、电脑机绣、手工做花、百家绣、手工装饰品、脸谱、手工制作头饰；服装数量：6套；展示场所：重庆歌剧院。

设计灵感：傩戏是我国西南民族的古老戏剧，其起源于巫术。原始傩戏面具服装夸张而狰狞，设计师点化傩戏的巫鬼神韵，体型巨大而夸张，用刺绣、拼织图案的方式集聚渲染之能事，色彩斑斓而基调明确，设计师借用宗教的神秘气息来编织浪漫的艺术故事。《傩戏》已非原生态傩戏，而是中国戏剧服装和欧洲歌剧服装以及原生态傩戏服装的混合体，具有强烈的视觉冲击力，给人以振奋华丽的视觉享受。（图10-3）

图10-2
（上）：法国国家电视台采访设计师梁明玉
（下）：《红星毛泽东》系列，1992年，北京国际饭店发布

四　服装的艺术境界

艺术境界是最难以言说的，又恰好是艺术家们所矢志追求的。服装艺术跟所有的艺术一样，其最高的艺术境界就是对人性的观照，就是表现人性的境界。除此之外，也有着其他层次、品位的境界。中国古代画论中的画品境界对现

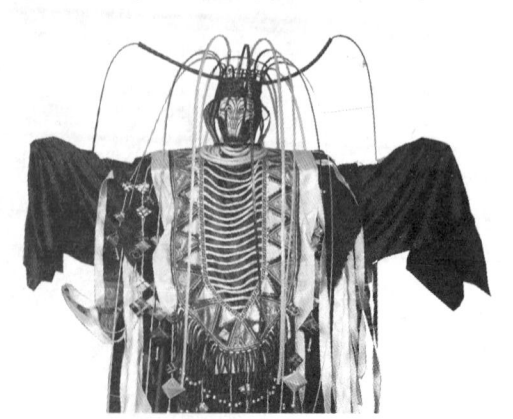

图10-3　现代傩戏服装设计图及成衣的创作　梁明玉

148

图 10-4 中国服装形态：中国服饰美学强调人与自然的和谐。

梁明玉

代服装艺术而言有着相通相融、微言精义的真谛。古人以逸神妙能划分艺术的高下境界,在今天看来,也不无道理。

(一)人性观照境界

艺术是人的创造，人类创造艺术就是以艺术关怀人生,关注人性。不管艺术表现的内容形式是什么,无论艺术的情态和语言是什么,对人生和人性的关注是艺术的普遍意义和终极的价值,因此,艺术表现的最高境界也是关于人生和人性的境界。判别艺术的高下,也在看其是否用艺术语言表现了人生的命运,揭示了深刻的人性,再现了人生百态,刻画了生命的意趣。人性观照的境界是艺术的最高境界。

服装设计的境界也是同样,其最高的境界也是表现人生和人性,相对于其他文学艺术,服装形态没有直接的叙事和表意功能。但服装的流行所在,时尚所在,创意所在,都透露出人生的处境和信息,表现着文化观、生活观,和各种精神取向。

我们始终强调服装是人的内在精神的外化,服装所传达和表现的是人的精神和人性,正是在这层意义和价值之上,服装才有说不完的话题。令众生关注,令男女痴迷,为传媒播扬。

(二)天人合一境界

中国美学的极致就是天人合一,中国美学对人类的贡献和特点是认定人是宇宙、自然的类属,作为思维主体的人只是自然的客体,中国人对超验的权威(天)的敬畏和情感对自然环境的投入构成了中国艺术博大精深、师法自然、虚心实境的体系,这个体系虽然有很大的消极性,但它创造了人和自然的心境和谐,也不失为人类心灵的一种终极归宿。宋代哲学家陆九渊说,"天地四方为宇,古往今来为宙,宇宙便是吾心,吾心便是宇宙。"高度概括了中国人的宇宙观,即天人合一的认识论。中国古代的艺术包括服装,最高的标准就是天人合一。中国哲学中的"天"的概念是自然超验概念,跟西方精神中"神"的概念不一样,"神"是绝对性和永恒性的精神概念,中国的天人合一观念产生了人和自然的生存关系和审美关系,但不解决超验与经验以及是非与真伪的问题。在西方的精神中,神和人永远处于冲突和矛盾之中,所以心灵不能安宁;而在中国的精神中是避开了这种神人冲突,而归向了人与自然的和谐。所以,中国艺术往往与中国的社会现实景观不一样,而有着超然美感和逍遥的心态。也因此,中国艺术有着与自然和谐,但也掩盖着人性的冲突,有着最高价值的追求,也有基本需求的缺陷。(图 10-4)

(三)气韵和品位的境界

谢赫六法之首就是"气韵生动",什么艺术技艺都可以学到,而"气韵非师",这个"气韵"是灵性和个性的混合,是生气和韵致的混合,是人格品质和艺术气象的混合,是文化蒙养和技艺手法的混合,是人力所达和天赐禀赋的混合,气韵决定了艺术的品位。品位有高有低,有的设计师有很强的造型和创意能力,但缺乏气韵,虽经努力,但难入高品。有的设计师虽有逊功力,但气韵生动,经过努力,可进入高品。气韵决定品位。什么都可以被遮蔽,唯有气韵和品位不能。具气韵品位者出手不凡,气象超拔。看一个设计师是否有气韵高品位,作品一览尽知。气韵生动具有高品位的设计作品,愉悦人的心灵,启迪人的智慧,提升审美的旨趣。这个"气韵生动"不是埋头苦干就能练出来的,而是靠各种艺术蒙养和人文知识熏陶出来的。所以服装设计师应该在服装专业技能之外,加强各种艺术人文的知识,体验人生的情感和境界。

图10-5 《绝艳无色》系列服装体现了中国美学虚静空灵的境界。 梁明玉 2006年

(四)情感和趣味的境界

　　艺术不仅是承负人类命运,抨击社会不合理,与精神的拥抱,与自然的和谐,艺术还是,也必须是情感和趣味的表现。要说艺术有什么动力,那就是情感,情感乃是艺术最纯粹最真实的所在。所有的艺术境界都是要灌注情感的,但是情感也可以不必承载过多的人文载荷。轻轻松松,想哭就哭,想唱就唱,正是90后的整体情感特征,"先天下之忧而忧、后天下之乐而乐"的情感抱负和"快女"七进六、六进三的悲喜泣笑,都是情感。人文载荷过重的情感,相应的趣味就很少了,而不承荷的情感往往寡然无味。服装设计也同样,人文关怀和天人合一的服装形态,情感充沛、雄浑、含蕴,重精神而少意趣,而流行的服装多欢乐优雅,重意趣而少精神。各具特色、各有所衷。(图10-5)

(五)功能与再现的境界

　　注重功能性的服装也有自身的审美境界,服装设计要考虑如何使服装的功能更符合人体工程学,更适应人的自由和诉求,使在常规工作和生活状态中的人穿着你的服装,有一种实在和生动的美感。这个设计领域广阔得很,足够设计师用终身的精力去探索。服装毕竟有一定的表现性和自由性,不仅是功能性的服装应该增强美感,现代生活中,那些纯粹功能性的工具也都被设计师们设计成一件件的艺术品。生活的美无处不在,要靠设计师去发现和创造。

五　服装的艺术表现手段

(一)艺无止,心无涯

　　人类要艺术来干什么?就是用它来净化性灵,涤荡现实中的丑恶,创造心灵境界的美好,并使我们生存的这

个世界朝美好的图景和心灵的自由发展。人的心灵就是宇宙,艺术创造随心灵的旷远而无边无际。与日月同辉,与江河长流。每一个时代、每一位大师都给艺术史留下了辉煌的页码。作为生命个体的艺术家,他的作品却能够为多数人所传诵,这是因为他用艺术的魅力拨动了民众的心弦。

个体生命是有限的,一个艺术家、一位设计师倾其毕生精力所能贡献于世的作品,也不过是苍海之滴、泰山之石,但艺术家和设计师的心灵却是无限的。在他(她)们的境界,可以和上古圣哲先贤对话,用错视的手段找回历史的真实,用神奇的谶语招补即逝和缺憾。他们可以心骛八极、思接千载、化腐朽为神奇、溃极喜而至哀。对艺术家和设计师而言,真实世界的疆域在于他(她)心灵驰骋的所能。所以,艺术家和设计师既单纯又复杂,既易足又贪婪。他(她)们在自己的世界游荡,往往不屑于外部世界的规则。他们的心理繁复、情感丰富、哀乐无端。他们兴奋于对其作品的一眼青睐,他们的追逐却永远不会停息。

作为一位艺术家类型的设计师,如果他(她)的心灵追求停止了,创造力也就枯竭了。艺术家的心理年龄跟常人不同,创作激情和艺术游戏会保持他(她)们的青春和年轻。在服装的艺术世界中,青春的激情和时尚的追逐不随岁月老大而衰减,也不因青春年少而精彩。唯一的标准和唯一的鉴证就是设计师的设计魅力和艺术风采。

(二)将错就错

所谓将错就错就是当设计师的服装设计已进入成衣阶段时,发现自己先前的创意有缺陷,对原创意感到遗憾,却不急于去改,将错就错,在立足于原服装的基础上进行调整,改变方向,走出另一条路。因为并没有什么相对正确的尺度,美的创造也是多种多样的。此外,将错就错也要看服装设计师对服装的选择性、功夫以及修养等是否到位,做到将错就错,不仅可以秉持节约的原则,而且可以使人变得灵活。艺术没有什么绝对正确的标准,应依据环境和情况的不同及时做出调整。

(三)以破为立

破坏和建构都是一种过程,只是方法不同,但都能殊途同归。如在一张空白纸上,你可以轻易地建立,若你面对的是本有的秩序,如何去创新,往往是以"破"的方法解构原有的不合理的秩序,在过程中建立,破就是立,破就是新,就是去掉不合理的部分,留下合理的部分。

(四)知旧识新

所有的创造都是站在前人的肩膀上,个人的真正独创几乎是不可能的。所以所有的创造都是有历史依据的,例如传统中某一形态的服装,比如旗袍,在旧的旗袍模式中要突破,消化旧的旗袍的形态和旧的美学根据,要弄清楚它的价值和历史感,只有在充分了解了这些后,才能用新的东西去替代旧的时候,才能将其富有内涵的东西保留下来,把旧的意味转换到时尚上来。例如清朝的马蹄袖,我们要对其旧的有意义的趣味真正理解,而后改造成新的元素。

(五)穷途生路

正确的方向、道路有许多探求,要走到和西方人的精神是在一条道路上,拼命地探索,直到走不动为止。也许在不断的探寻中会失败,但这种失败是有意义的,它给你走向新生提供了许多宝贵的经验。但更多的时候是走向成功,其成功之处在于朝向一个方向的坚持不懈,在这过程中,会出现非常丰富的轨迹和丰富的语言。服装的角度之所以丰富,效果之所以动人,还在于不断地坚持。

(六)错置古今

所谓的错置古今,是用现代的规定、视角去看待古代的资源,表现古代的服装形态。一切历史都是现代史,除了出土的文物可以证明外,谁也不知道古代的服装到底是什么形态。所以,对古代形象和精神的创造就是用今天的现代手法去处理。(图10-6)

> 案例:图10-6所表现的古代击鼓的武士。武士服装就是用今天的时钟和工业广告做成的。时钟具有象征性,它象征着时间的流逝,也表现着历史的运转和颠覆。而工业广告则是现代的语言,表现出古今时空的错置,给人以奇异荒诞之感。

图10-6 现代观念与古代意趣的结合——第三届全国城市运动会开幕式服装 梁明玉 1995年

(七)异类拼撞

所谓异类拼撞就是用不同的元素和文化符号直接结合在一起,形成一种高度对立性的拼撞,这种拼撞形成一种刺激奇异的景观,两个完全不同性格的人走到一起。

例如,话剧八大山人的剧照,剧中人物是一群符号性的人物,他们在剧情中充当穿越古今的象征符号和叙事人物。为表现这种特殊身份,设计师用古代的对襟领和驳头领,直接碰撞,突出了一古一今,穿越时空的怪诞感觉。(图10-7)

图10-7 哥特式教堂和现代挖掘机的巧妙结合 海外当代艺术家作品

(八)殊语同境

在服装设计创意中,为了达到一个成因的结果,采取完全不同的塑造手法,达到相同或相似的境界。比如,分别用针织和梭织的方式达到同一件服装的形态,或用完全不同的纤维组合方式,完全不同的肌理和工艺达到预期的意图,这样的境界便会出现语言的丰富性,表现出在共同的方向和预期目的的过程中,有各异的途径,各自不同的体验。

(九)锦上添花

视觉艺术的心理有简与繁两种取向,这两种取向都可以走向极致。繁的取向其审美心理是丰富多彩的、充实而饱满的,要想满足"繁"美心理,可采取的视觉艺术手段往往是堆砌、充填、精工至极、叠塑重彩或笔墨饱满,总之,用各种形式达到饱满的极致,这种手法在中国画里叫做密不透风。这种表现手法富于视觉冲击力。在服装

152

上,往往是将某一种工艺做到极致,或者将各种表现手法堆砌、重叠,使之产生充分饱和的视觉效果。(图10-8)

> 案例:在土家新娘服装中,新娘在舞台中央哭嫁离家,成为整个舞台的中心。设计师用现代王室婚纱的手法堆砌、塑造新娘的体量,服装厚薄相间,用红纱锦缎、刺绣的牡丹凤凰,手工绢花,错综堆砌,达到极致,用以表现幸福的和财富的极致。

图10-8 现代土家族新娘的设计图和成衣 梁明玉

(十)绝艳无色

真水无香、绝艳无色,这个道理很少有人懂得,但这却是中国美学至高至深的道理。庄子说,"五音令人耳聩,五色令人目盲。"这是说众多的形式表现因素会搅乱人的心理感知和事物的本质,老子主张,虚生万物,无为而为。但视觉艺术必定要由形式来表现,所以"大音希声,大象无形"的道理只是作为一种以虚胜实的法则。绝艳无色是指众多的颜色归于无色,就像光谱中的七色归于无色的白色,这不是否定色彩,而是注重色彩的精神性。切忌用炫目的色彩遮蔽了艺术的精神性的高度和深度。

> 案例:图10-9系列服装《绝艳无色》,设计者:梁明玉,2007年代表中国出席亚洲著名设计师年展,这一系列的服装以多姿善变的形态和复归于朴的色彩表现了中华民族服饰文化的雍容华贵和哲学精神。

(十一)法无至法

这个说法来自清代中国画大师石涛,其成因并不是指艺术的无政府主义,而是指艺术家对艺术的规定和法度的突破。法是什么?规则是什么?法和规则是指人类创造达到优化和善境的规矩。但法和规矩是有局限性的,在生活中,人们都应该知法守法,才能保持社会稳定。艺术不是这样,艺术家太讲法度和规矩,便会失去创造力,所以,艺术家创造过程取决于对法度规矩的超越,然而此超越却是从遵守法度的训练规矩中来的,你如果不知道法和规律,如何去超越呢?所以,至法无法,是说艺术一定要讲规矩,但一定要超越规矩。如不讲规矩,不讲法,则达不到至善,如若要想达到至善,则必须超越法和规矩。

(十二)六经注我

"我注六经,六经注我"是古代学者关于学术的独立性与学术的规诫性的认识,所谓独立性是指自己对世界独立的判断和思考,所谓规诫性是指古圣先贤的经典理论,是理性的。所谓"我注六经"是指对古圣先贤理性规诫的认识,"六经注我"是指圣贤经典是后人意识的资源和依据。前者按照他人的意识去观察世界,后者让他人跟随自我的意识去证明世界。这是指学者或艺术家对世界的一种独立的认识或创造表现。在服装设计师的创作过程中,独立创意和经典资源之间的关系,也应是这种关系。

153

(十三)大巧若拙

　　服装艺术的巧与拙，有其独特体现。巧一般表现在服装结构的精妙，构思独到，细节的处理，充满灵动。拙则表现为服装构思的深厚，服装结构的不苟变异，风格气度的含蕴不张扬。这两种趣味和风格，看上去完全不同，但相互却有着一种内在的精神性关联。巧能够给人聪颖活跃、灵活机动、服装气度、充满朝气。但巧的取向，易于流入表浅，而拙的取向则可以包容巧的形式语言。拙的风格取向，并不排斥结构的技巧和语言的矫饰，但在拙的包容和取向中，切忌表面的灵巧、聪颖。大巧若拙的比喻是说，灵巧机动，生命活力都可以在不动声色的内敛含蓄中表达。这种内在的包容和超越是需要经过对服装语言千锤百炼、摸爬滚打之后才能体验的。(图10-9)

　　案例：《蓝色西部》系列。《蓝色西部》系列是距《南国魂》系列十年之后的再度创作，如果说《南国魂》是这种中国服饰精神的现代表现手法，《蓝色西部》系列则是对中国服饰精神的后现代主义表现手法。在这个系列中，设计师吸取了各式的现代服饰语言，并从中国古代出土文物的服饰意象获取灵感。用各种材料和编织、梭织手工手段雕琢细节。服装结构完全超越了功利目的和衣着常规，在一些局部趋尽表现，用编织、绳裹的方法演奏着服装的交响音乐。机巧可谓多矣，性灵可谓活矣，但这些机巧、性灵都统帅于服从于纯粹的中国蓝以及整体而大气的雄浑基调。

图10-9　中国服饰文化博大精深、源远流长，是设计师的资源宝库。

(十四)合璧同辉、和而不同

　　古往今来的服装在追求豪华富贵方面都是相同的，无论是帝王之家的华服冠冕，还是普通百姓的婚娶嫁妆，人们都趋尽表现手段塑造富贵气象。

　　案例：贵州省黔东南地区苗族女性平时的装束简朴，以青蓝黑为主，每逢佳节则穿戴盛装，载歌载舞，当地有出嫁少女"跳锅庄"的习俗，少女们依年龄大小排成队列，前列的少女盛装极盛，排在最后的往往是小孩，有时仅戴有一个银锁链。

　　西方的晚礼服来自于宫廷，在今天的国际服装形态中成为一个专门的类型，做工考究、面料高档，是女装中最为华贵的形态。欧洲的晚礼服延续了洛可可时代的优雅华美。而中国历代宫廷服装，注重皇室的威仪，面料考究，往往镶金丝于织锦，色彩等级森严，皇室多为金、红、黄、群青，气度雍容华贵，仪态端庄。但中国的宫廷服饰由于革命时代而宣告结束，并没有转换到现代服饰中来。欧洲的宫廷服装和现代的晚礼服有着她自己的特殊美

感，中国的宫廷服装也有着她卓绝一世的高贵气象。西方的设计师和中国的设计师都有融合二者的作品。（图10-10）

> 案例：圣·洛朗的中国风格设计带有西方眼光对东方元素的选择。梁明玉的晚礼服设计，将西方和东方的规定打破，融为一体，采用含蕴的中国符号和欧洲顶级品牌Solstiss的传统花边。

(十五)密不透风、疏能跑马

中国的水墨画尤其是山水画分为疏体和密体，用以不同的表现对象，出自不同的表现意图。在服装设计上，这个道理是相同的，视觉上的疏密都能创造极致的效果。密集、饱和的视觉心理能够使人感到充足。而清旷、疏简的视觉心理满足人清静、安宁，这两种效果，可以在不同的服装上，做得很绝对化，也可以在一件服装上并行使用，以达到一种兼收并蓄，既充足又透气的感觉。疏密关系作为普遍的艺术法则，在服装设计上，几乎是处处运用，疏密的灵活运用可以产生各种不同的效果。一件服装的结构或色彩纹样，各种形式都做到了，就是缺乏疏密关系，那么这件作品肯定是失败的。人的眼睛是非常挑剔的，尤其是训练有素的眼睛。人的眼睛往往有先天的主次选择的程序，所以，灵活的调集疏密的关系，满足挑剔的眼睛，这是衡量设计师的功夫高下所在。

(十六)惜墨如金、泼彩不吝

中国画论讲究惜墨如金，是说在造型刻画和色彩时，对重点、要点、重色、要色的审慎使用。人的眼睛看事物的时候，总是捕捉那些要素、突出的形状、富于刺激性的色彩。如果过分使用就会造成受众视觉的无所适从，设计师的创意目的也就含混不清。所以，在设计上，一定要用精微的笔墨突出重点、要点，在一件服装上，只能有一两点突出的精彩之处，如果有三四点或更多，那就无所谓精彩了。当然也有全部都很精彩的手段，那是另外一种概念，即泼彩不吝。

泼彩不吝的手法是指该渲染的所在，你就要倾其所能，将其表现得淋漓尽致，用尽可能绚丽的色彩和尽可能机巧的造型去表现。但这种表现是有区域性的，或者

图10-10　中西合璧的晚礼服　梁明玉

是服装的局部，或者是服装的整体，这个要看设计师创意权衡。

（十七）张冠李戴、颠覆常识

人类事物是有常规的，人们判别事物也是依据经验，对于功能性和应用性的事物，一般说，人们的经验是可靠的，但对艺术创造来说，艺术家和设计师们一方面追寻这些常规常识，同时总是琢磨着怎样对这些常规和常识进行否定和突破。在艺术创造上，凭空想象出新的形态是很难的，一般都是依据经验和常识，而有所创新。所谓张冠李戴，是将常识和常规进行错置，比如，设计师们经常使用的男装女穿、女装男穿、童装成人化等都是张冠李戴的手法。在本书第二章节，我们曾详述了创意的换位思维和超越思维，对常识的颠覆就是换位思维和超越思维的应用。人们的新奇感从何而来，就是企图看到与常识、常规不一样的东西。比如，人们见惯了有袖的服装和没袖的服装，看见藏区的牧民穿着一半有袖、一半没袖的服装就很新鲜了，这是因为通常人们的服装结构是受平衡关系制约的，而藏民在长期的生活劳动和气候条件下，则没有这种平衡观念。

（十八）异类入侵、旁门左道

在服装材料的使用上，纤维的柔性就是一个总体的前提，在这个前提下，设计师可以调集一切材料来制作服装。比如，西南农村现在还使用着遮雨的蓑衣，这蓑衣就是用鬃毛来做的，又透气，又避雨。城里的人避雨都用雨伞，而乡村的小孩摘一片荷叶顶在头上就成了斗笠了。自然和反自然的材料都可以成为设计师的选择。近年，环保成为服装界的一个主题，有许多年轻的服装设计师，将人们的消费垃圾再生利用，如 IC 卡、可口可乐的包装罐、光盘，也有人从大自然中吸取材料来做服装，比如芭蕉叶、竹笋壳、竹编，为了表现工业污染、生化污染对人类的侵害，也有的设计师用注射器、输血管、输血袋、防毒面具、医用纱布、矿泉水瓶来做服装材料。这些服装未必能穿出来，但表现出了设计师们的环保意识和对综合材料利用的观念，也具有服装的形态美感和趣味。服装设计中的所谓旁门左道，实际上是对制作技术常规的反其道而行之。比如，在不该剪裁的部位进行剪裁，在不该收省的地方收省，在不该钉扣的地方钉扣，在不该暴露的地方暴露，在可以省料的地方铺张，在可以铺张地方省料，在不该装饰的地方进行装饰。总之，设计师可以在服装规范和技术环节上做各种实验，已达到自己别出心裁的创意。（图10-11）

图10-11 （左）：日本服装设计师古桥彩的作品《海盗女》
　　　　（中）：约翰加利亚诺的作品
　　　　（右）：巴西服装设计师 Alexandre Herchcovitch 的作品《天使与魔鬼》

156

图10-12 异想天开、浪漫神奇的服装创意

图10-13 背心上的厨房

图10-14 欧美设计舞台多见各种文化的杂糅形态

(十九)似是而非、非驴非马

中国的艺术画论不走绝对的道路,中国艺术的意象平衡,虽然有着制约发展的消极作用,但也有着艺术创作的高妙之处。齐白石曾说,太似则媚世,不似则欺世,妙在似与不似之间。西方的抽象主义,提取事物的要素,而非事物的形貌,后现代主义则强调用不同资源的整合呈现出一种新意的面目。这些不同的艺术主张,都有一个共性,艺术家的创造绝不是要还原于一种表意,达到事物的标准,而是要创造艺术家和设计师心中的事物。(图10-12)

虽然服装是有形的,也是要符合人们的穿着习惯的,但每一个设计师心里想的创意都是希望与众不同的,从未出现过的。其实从人类创造的整体能量来认识,纯粹的创新是不容易的。一般说,你设计出来的款式人家早就有了。服装创意的真正产生在于设计师心中的营构和独特的趣味,而不在于单纯的款式标新。有时候,创意就是非驴非马,综合了各类款式的特长,但又不是各类款式,这就是创新。后现代艺术的创作特征往往是拼贴、组合、复制,但这种综合性手段必须出自艺术家和设计师自己的主体选择,而不是听由它者、随波逐流。(图10-13、图10-14)

157

(二十)知白识黑、绘事后素

"知白识黑、绘事后素"是从广义和根本上对艺术的一种认识。是告诫艺术家和设计师在营造图像之时,千万不要忘了图像背后的基底和背景。这是指在基底和背景中才产生图像,艺术家和设计师是要随时将这种基底和图像的关系同时顾及到。你去建构的时候,不要忘了空间;你去渲染的时候,不要忘了衬托。

(二十一)错彩镂金、极简极朴

根据创意和情绪表达的需要,设计师可以把服装做的金碧辉煌、错彩镂金、刻画极致的超级物质主义,也可以把服装走到一种极朴极简的非物质主义倾向。这是两种完全不同的审美取向和艺术风格。这两种取向都要付出精心的思考。服装设计的加法不好做,有时候,再加一点就过了;减法更不好做,每减一分都要有意义,减不掉的就是最后的精华。雕塑家罗丹曾经打了一个比喻说,一件雕塑从高山上滚下来,滚到谷底,摔掉的部分不是雕塑,没摔掉的才是雕塑。这个比喻说明了整体和简约的要义。(图 10-15)

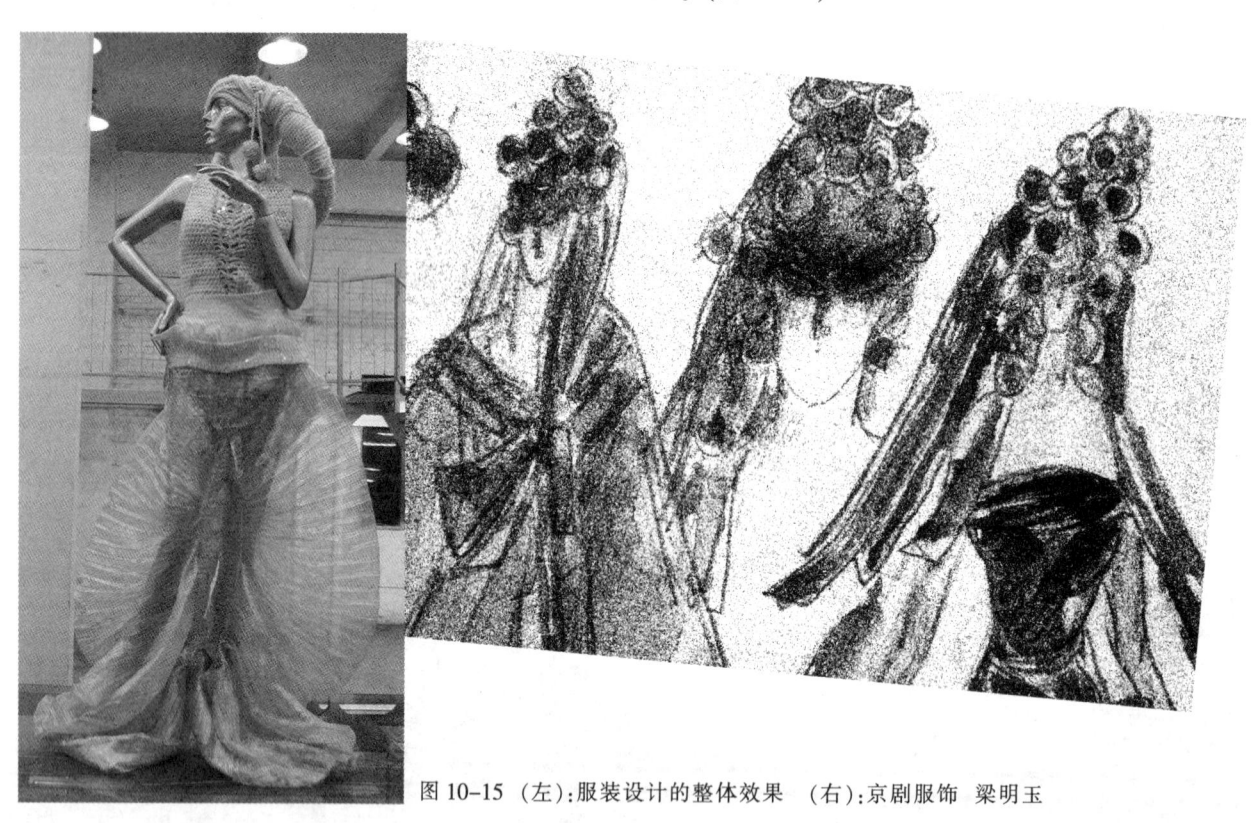

图 10-15 (左):服装设计的整体效果 (右):京剧服饰 梁明玉

(二十二)众妙之门、万变不离

《道德经》上说,"玄之又玄,众妙之门。"是说精神的精微之处不可言说,而又无处不在。中国古代艺术理论所谓"妙机其微"、"迁想妙得"中"妙"的概念都是通过精神领悟而得到的意趣。在服装设计的过程中,到处都可以产生美妙的意趣和精神的享受,但要创造这种精神的享受和美妙的乐趣,却是要通过心灵感悟和精神追求,并由之苦思冥想、多情善感,千雕万琢才能得之。"妙"还有巧的意思,所谓巧妙,这种巧是灵感和机巧的并用,即心的灵动,手的灵巧和事物关系的灵活。设计师应该在设计实践中,用心的灵动去感受那些优秀的设计,看人家创意的妙趣和手段的机巧。每一件打动人的服装必有它的高妙之处。所有的妙处都是通过心灵去体会和创造的。事物瞬息万变,艺术随机应变,以变为通,唯有心灵的感悟和精神的追求是不变的。

六 服装创意的表现语言

(一)面料的视觉诗篇

如果说画家用画布和宣纸,雕塑家用塑泥和青铜制作艺术,那么服装设计师的表现质材却是柔软的面料。设计师正是用这种让人琢磨不透无所适从的柔性材料塑造出精美的形象和谱写出辉煌的视觉诗篇。设计师了解面料熟悉面料,就跟雕塑家熟悉塑泥,画家熟悉颜料画笔一样,了解面料的特性塑造的力量所在,柔性的美感所在。如何用柔性的材料塑造刚性的材料和气象。在训练有素的设计师看来,操起裁剪,在面料上挥洒,就如提起画笔在画布上涂抹、挥写,犹若在钢琴键盘上弹奏一泻千里的畅韵,迂回婉转的咏叹。

设计师对面料的熟悉,不是从书本上得来的,而是在令人眼花缭乱的市场和浩如烟海的面料商样板中所获取的。设计师对面料质感的灵感来自于与这些面料姓名相通的天地万物,坚硬的,柔滑的,生涩的,粗犷的,男性的,女性的,华贵的,平实的,收敛的,反射的,厚实的,单薄的,平面的,立体的,经纬的疏密,弹性伸缩,图案工艺,无不了然于心,闭上眼睛,仅用手触,就深知其性,其品位价格清清楚楚。这种把握必须深入一种高度的情感,面料是最直观的刺激,往往是设计师灵感生发的设计源。一个训练有素的设计师能够从千差万别、姹紫嫣红的面料堆里一眼拔出自己钟情所属,也能够从一种面料中看到它形成成衣的效果。

面料世界缤纷灿烂,设计师如何进行甄别选择,用其创造绚丽多姿的服装呢?仍然在于其内在的训练有素的涵养和眼光。首先,是熟悉面料的纤维类属和特性,基本的织造工艺和染整工艺。面料的手感、光感、厚薄,可以很快掌握,但面料的属性却是要在实践中去体验的。秋冬季的面料,由于保暖性质,产生了皮、裘、棉、粗纺呢、粗毛线;春秋季则有精纺呢、羊绒、精致层皮、粗支棉、高支棉,醋酸纤维、化纤棉混纺;夏季,细砂针织、卡其布、丝、绢、纱、混纺丝、涤纶纤维。这些基本类型的面料千变万化,因其加工的精度而千差万别。设计师辨别这些材料,就像油画家辨别色彩的灰调层次一样,是要用心灵去辨别的。尤其是面料的色彩,有时候是多一分则太过,少一分则不足。(图 10-16)

为了达到各种创意的效果,设计师必须要学会改变面料的属性,从而使本来平淡的面料增添迥异的效果,使平面的面料凸显立体的效果。设计师应该还会使用多种面料的组合、重叠,形成丰富的层次,化平淡为神奇,出新意于法度。

图 10-16 (上):面料塑造空间 (下):青春活泼的学生作品,面料为环保纸质材料。

在设计师的创意设计中,各种面料属性可以根据设计师的想象幻生出与其属性相符的服装款式。有的面料必须保持整洁,尽量少用装饰,以突出面料的纯质美感;而有的面料必须使用各种手段,形成特殊的服装效果。各种面料在变成成衣的过程中,经由设计师魔术师般的手,趋尽了节奏旋律,旖旎委婉的变奏,演奏出柔软的辉煌,视觉的诗篇。

对面料的认识和使用不仅是在成衣之前,而是贯穿在整个设计中。一般采用调整、深化处理或者采用同类置换或者采用彻底否定。调整深化处理是指在成衣过程中,感觉应该将面料做深度的处理,比如将面料做水洗、压烫或制造肌理;同类置换是指保持面料的质感,改换其色彩或者保持面料的色彩,改换其质感。彻底否定是否定原面料替换新面料的想法。

服装设计师对面料的知识不仅来自于材料型的教科书,更为重要的是要在实践中培养自己对纤维物质性状的感触能力,对自然色彩和面料色彩的情感倾注和细微观察。

(二)结构的规范与变异

从服装形态上观察,人类的服装史就是服装结构的规范与变异的历史,每一个时代的服装都形成了她独特的结构规范。由于各种原因,产生了各种创意,形成了对规范的变异。在中国服装史上,最大的变异有三次:第一次是元朝,蒙古族游牧民族的服饰,作为主体结构,冲击了自秦汉以来中原服饰的结构规范,形成了一种融合;第二次大的变异是清王朝入关,从官府到民间的服饰一律改为旗制,男人都梳着长辫,服装体制结构的变化是取代性的;第三次是辛亥革命,中国人用一种普世化取向的服装结构,彻底改变了以清代服饰为代表的古代服装结构;这三次巨大的变异以后,在中国现代服装史上也发生了一次巨大的变异,就是"文革"后,改革开放引起的国人服装的变异。

现代服装设计是建立在现代服装的功能性和基本美学定位上,她要符合现代人的生活、工作状态和共性的审美心理。所以服装结构是基本固态,其大的变异往往是伴随着社会的变革和人们工作方式的变革而发生。比如:一战和二战期间,人们服饰结构的变化,女装多从大帽长裙朝各类轻便服装发展,男装也从繁复的结构走向干练简洁的结构特点。

男装的结构相对稳定,但就在这基本的结构规范中,男装仍然可以有无限的创意空间。男装结构的变化还是要依据设计师的文化取向和人性观照。比如可以朝刚性的男性本色去发展,也可以朝中性化、阴柔化方向发展,这都取决着服装结构和特点。结构变化最大的空间是女装。在今天后现代的文化生态中,女装结构可谓千变万化,形态各异。但如果从形态的本质去归纳,女装的结构变化大致可以有以下几种倾向:第一,功能主义倾向;第二,有机形态倾向;第三,结构主义倾向;第四,矫饰主义倾向;第五,文化符号倾向。

1. 功能主义倾向

无论功能主义是否被强调,它都是一种最广泛的时装形态,它的服装结构和款式也都是服从于人类日常行为方式和功能需求,服装的功能性还作为一种基本的结构要素贯穿在所有的服装形态中。我们说的功能主义倾向是指那些符合功能结构比较明显的。比如,各类工作服、职业装、运动装以及那些遵循传统习惯、满足日常行为功能的大宗常规服装。在设计师手中,功能主义也可以是一种表现手段,将功能性的结构,夸张运用于表现的目的。(图10-17)

2. 有机形态倾向

有机形态倾向是一种混合的结构形态,首先它是遵循和保持了传统的服装结构,因为传统的服装结构都是从各种生活意趣、文化规范中来的,又通过习俗传播延续,形成一种相对固化的结构。这种服装结构还有着自然器物和仿生学的轨迹。其服装造型的结构和轮廓多呈自然的曲线和丰富的空间变化。在服装的形象结构中,往往有对自然物象的描摹、象形或寓意。比如,常规的桃肩领、柳叶领、马蹄袖、盘龙扣等等,附在这种结构上的装饰纹样,也都属自然象形纹样。(图10-18)

图 10-17 设计图就是为了解决具体问题，创意往往在解决问题的同时产生了。

图 10-18 设计师的基本功,应该像日记一样,每天练习服装画。

图10-19 设计师的基本功，绘画功力可以使你随心所欲地表现出服装的形态与感觉。

3. 结构主义倾向

在现代艺术史中，结构主义产生于工业时代，新结构主义产生于科技时代。20世纪，人类的视觉艺术开始用几何学、物理学、建筑学、制造业的眼光去看待整个世界。钢铁和水泥的结构，原子核分子的结构使人类相信，世界可以按照人的智能次序、物理空间、几何形式来表现。结构主义也影响到服装和创意，结构主义的创意更强调人体与面料的单纯结构关系，尽量避免非结构意义的造型和装饰以及色彩渲染。在裁剪上，更趋于简约化。结构主义的服装所表现出来的秩序美感，冷峻而理性。结构主义所传导出来的生命意象，人体与服装的关系是一种高度主体性，杜绝天然性和自然物象的关系。她不顾及人和自然的关系，而着重人与服装在人工世界和几何秩序中的关系。结构主义的倾向，注重服装裁剪的整体视效和简约美感。（图10-19）

4. 矫饰主义倾向

矫饰主义往往出现在人类的财富上升阶段和精神的没落时期。人们用量贩式的语言制造繁复的语境，企图用语境替代语意，用形式堆砌去替代精神言说。矫饰主义也有其独特的美感。在今天的时装消费时代，矫饰主义的创意往往引起市场的青睐和大众审美的兴趣。矫饰主义的结构和款式倾向于柔性和复杂，往往用多编织、多层叠的，多附件的方式来处理，并给服装的装饰工艺留下充分的空间。今天的矫饰主义风格也是一种综合性的形态，设计师可以从各种图像库中获取不同历史阶段的、不同地域文化的资源。（图10-20、图10-21）

图10-20 约翰加利亚诺的作品具有矫饰主义倾向

图10-21 流行趋势中矫饰主义

162

图 10-22 切·格瓦拉是 20 世纪 70 年代全球最著名的文化符号。

图 10-23 迈克·杰克逊是全球性的文化符号。

5. 文化类型和文化符号倾向

消费时代是文化混合的时代和文化符号的时代，服装的结构也受各种文化种类的影响，通常所谓"区域风格"。实际上，是服装国际化和文化多元化的产物。这种区域特征的服装结构形态，相互轮流支撑着流行趋势。这些文化类型的选择也是要决定于消费受众的接受心理，比如 20 世纪末，流行十多年的波西米亚风格，至今还有生命力。这种服装结构和形态实际上是将原生的结构形态为迎合消费者做了适合性的处理。牛仔装和牛仔裤是现代服饰结构的一个典型代表，它的结构要素几乎已经成了一种普世价值的文化符号，用水洗石磨的帆布，折中边缠留着靛蓝，结构熨帖体形，使人保持青春活力、干练勤奋。牛仔裤的结构原本是适合西部牛仔式的瘦长体形的人，但这种结构成为一种普世的符号时，就老少咸宜，各色人等普遍接受的结构形态，它的内涵极大的扩充了。中国的对襟式服装也被作为一种东方的特殊文化符号用于时装流行，用于体现静观、禅宗、平和的东方服饰品位。但这种结构也出现了固化的概念，缺乏新意。如何使文化种类形象和文化符号在服装创意中生发新意，这是设计师需要认真琢磨的。

时代的文化特点和符号性也给服装创意提供了资源，商标作为品牌的符号具有商业价值和识别作用，但在设计师那里，商标往往成了一种装饰图案和文化符号，添满商标的服装和街头涂鸦式的服装令人目不暇接。卡通、动漫的人物和网络 Flash 的形象也都活跃在流行文化界。有多少文化类型、文化符号就有多少种选择，对于服装设计师来说，文化类型和文化符号是自己创造的取之不尽、用之不竭的资源。（图 10-22、图 10-23）

(三)成衣空间与造型

在前面的章节描述中，我们已知道人体与服装的关系是一种互存互动的关系，人与服装的关系可以呈现各种风致、气度与活力。如果说一件服装穿在身上刚好合体，但没有多余的空间，那么这件服装与人的关系就仅仅是合体而已。成衣的空间是要考虑除合体之外，人的肢体运动所呈现出的神韵。从穿衣的哲学上来认识，服装不是人体的包装，而是人精神性的外化，是人精神气质的衬托。人和服装之间，人毕竟是主体，所以，设计师在考虑服装结构的时候，更多是依据人的动态和活力，而不是仅从静态上去认识结构。设计师用服装来为人体造型，其实就是建立在对结构的这种活的意识上。没有办法去细数那些千奇百怪的、美不胜收的风格和款式，这每一种款式都凝聚了设计师的独特的智慧和灵动的情感。但有一点可以肯定，这些脍炙人口的、扣人心弦的服装形态，都是对鲜活、生动的人体行为的捕捉,是有血有肉的创造,而非克隆复制的概念。

(四)装饰手法与细节雕琢

在人类服装史上,装饰几乎占了服装的半壁江山。服装的结构和款式是有限的,面料也是相对有限的,然而装饰是无限的。在高级成衣领域,已经很难分清什么是面料什么是装饰了。从古至今,人们发明了各种各样的服装装饰效果。有花边、刺绣、饰品、拼镶、做花、配饰,趋尽装饰之能事。在许多民族地区的服装中,往往会用符号的某一个部位或者是胸衣或者是肩或者是袖,或者是领等全部用作细腻装饰的载体,在尺幅方寸之间,营造装饰天地,大千世界。往往是刺绣、镶金镶银、镶螺钿。对服装的装饰也是随设计师的观念而行,依据自己的创意,可以采取各种文化原生态的装饰手法,也可以采取现代抽象装饰的手法。其实装饰的趣味往往是指人们在细节上获取秩序和趣味,大多数人的服装审美都是要注意细节的。所以细节的处理对设计师来说尤为重要。对服装的某一个部位细节进行雕琢和装饰能够体现设计师的细致所在。设计师们在细节上所花的功夫也是呕心沥血的,细节的推敲可以使人叹为观止。比如,晚礼服装上的珠绣,其珠子的直径细至针孔如发丝,细密缝制使人望而生畏。细节所能达的境界是服装艺术的一个独特境界,永远不可忽略。

(五)各种艺术语言的借用

今天的世界,是一个多元互补的世界,今天的艺术,是语言综合的艺术。各种艺术形态高度的融合、交叉,数码化和网络化使过去艺术形态之间的门户消解。虚拟和真实的概念更加含混、模糊,幻觉与真理的界限更加暧昧。由于时空概念的改变,时间艺术和空间艺术的融合也变成现实。艺术跨越语言障碍,直接沟通精神和情感。好莱坞的大片在中国创了最高票房,美国的电视中播放着中国京剧的武打折子戏。花木兰的故事也由好莱坞的动漫大制作演绎。拼贴、复制、挪用已为大多数人们所习惯。由于社会发展,人类的意识更加复杂、心理空间更大,由弗洛伊德等心理学家所揭示的潜意识广泛显现在生活现实和艺术作品之中。达达主义、超现实主义的荒诞、梦幻,已使大多数人在生活中感同身受。虽然人们对艺术语言不尽了解,但对艺术家所表现出来的语境和情境已能认同感知。许多消费者比设计师的思想更开放,观念更前卫,生活方式更潮流化,所以,这也给设计师提出了挑战。对现代艺术的了解,对时尚资讯的把握,是提升设计师创意能力的保障,层出不穷的电影、戏剧、音乐、电视形象,无疑是设计师的直接资源。音乐剧艺术可以给新艺术的产生提供一个范例,音乐剧综合了歌剧、舞剧、现代音乐、行为艺术,甚至于寓言神话,商业演出模式,形成了一种全新的艺术。

雕塑、装置艺术和行为艺术对人与环境、形体与空间做了无尽的探索,这些艺术在人与空间的关系方面,可以给服装设计师以巨大的启示,使服装设计师的空间概念更加展开,启迪和人的肢体行为可以更加丰富和多变。现代舞蹈的肢体运动也更加的抽象和纯粹,现代舞蹈的节奏和肢体语言都是服装设计师所应该仔细观察的。现代建筑艺术所呈现出来的日新月异的空间关系和空间创造,都对设计师的心灵和审美意识有直接的作用。服装设计师可以体会人在现代建筑的环境中,应该有什么形态的服装。所有的艺术形态和空间样式都可以作为服装设计师的参照。现代工业设计所具有的材料精度、标准化、互配性及数据的美感。数码艺术和各种造型渲染、建模的手段都可以给服装设计师提供创意依据和手法借鉴。

服装是一个从平面到立体无所不包的艺术,对平面的敏锐和构成美感也是设计师的功夫所在。设计师可以在生活中那些无所不在的广告、包装、海报、书籍世界中去寻求有益的资源,从而丰富自己的创意。

(六)服装的行为与环境

服装的行为与环境是往往容易被设计师所忽略却又是非常重要的。服装的美感在行为和运动中,也在环境中，这要求设计师在创意之初就要考虑到人体着装之后的行为和效果与环境之间的关系。人的着装行为各种各样，按常规有公众场合、私密场合、礼仪行为、职业行为、生活行为、师表行为、审美行为以及创意表现行为。不同的行为对服装有着不同的诉求，创意表现行为是为了非功利的表现性，所以，会呈现有别于常规的新颖、荒诞和别致。

环境因素也是服装创意的重要因素。尤其是针对性的服装设计，尤其要考虑设计对象的特殊环境。总的说来，你的设计创意的独特风格不能过分地违背环境。除非是在特殊的环境中，比如说化装舞会，那就是你自由驰骋的天地。

（七）服装的展示与音乐

服装展示是现代服装业的一个产业环链，所有的设计师创意都要通过服装展示来呈现。服装采购商，时尚传媒和消费者都要通过时装展示产生信息，产生交易。在服装产业和服装文化相对发达的城市一般都有服装模特公司。服装展示都是由经纪公司专业承办的，专业性和规范化可以保障服装展示的效果。一般的情况下，服装企业的设计师和独立设计师都与模特经纪公司有着密切的联系。因为服装展示是设计师作品的再创造和展示平台。优秀的模特会把设计师的作品完美地展现给接受者。服装设计师应该高度重视服装展示的环节。作品成形之后，应该与服装展示导演进行交流和磋商，把自己的设计意图交代清楚。比如，是否需要对常规的展示方式以及模特出场的队形要求，对自己要展示的独特的服装创意，设计师要与表演模特亲自交流，把自己的要求告诉模特，并使其充分理解。在彩排和正式出场之前，设计师有必要在后台仔细检查备装情况，以保障展示的完美性。一般说，有经验的导演，面对设计师的作品就会产生展演的预设效果，但有时由于审美差异或沟通的关系，会出现偏差，这都是需要设计师亲力亲为。灯光和音乐同样很重要，在明确了灯光设计方案之后，如果有特殊要求，设计师应该与灯光师或导演，或舞台监督交代清楚，为了使自己的作品完美呈现，设计师最好是自己选择音乐。因为音乐往往是扣准你的设计的，有经验的导演会给你很好的建议。音乐的节奏、旋律和长度要与表演的意图相符合。

除了动态展示以外，服装的静态展示也很重要，一般通过摄影，出现在平面印刷物中。这也需要设计师和摄影师及其工作团队密切配合，交代意图。一般对于重要的商业设计或艺术设计作品，设计师有必要与摄影师密切沟通展示意图。为了避免由于审美差异引起的误会和遗憾，设计师应该把相关工作做细，以免留下遗憾。（图10-24、图10-25）

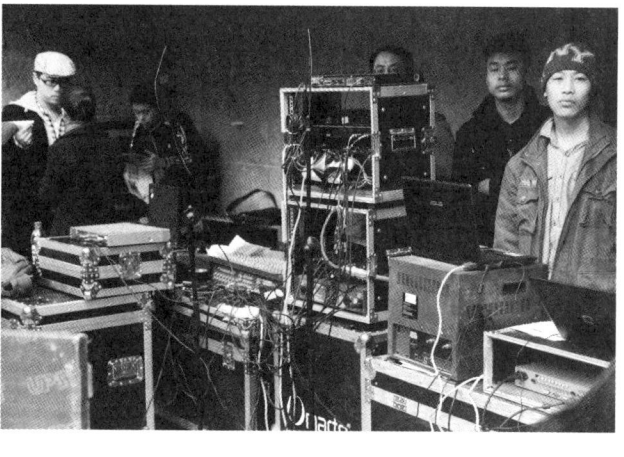

图10-24 服装展示和音乐都需要充分地认真准备和调试。

165

图10-25 绚丽的舞台、鲜花和掌声背后是难以言说的艰难奋斗。

七 名师的创意及风格透析

(一)加利亚诺(John Galliano)

60后的加利亚诺有着西班牙的艺术气质,他的艺术营养和审美意识继承了他的同乡达利的荒诞、怪异和疯狂。英国教育的正统意识混合了贵族的气息和荒诞的游戏,加利亚诺引人注目的设计风格是他接手迪奥以后,以洛可可风格的当代阐释使之在支离破碎、光怪陆离的现代视觉中找回了纸醉金迷的残梦和性感奢靡的遗风。旧日的宫廷浮华还魂于消费的现世,这正好迎合了世纪末服装界新元未立而陈风未颓的彷徨处境。

(二)瓦伦蒂诺·加拉瓦尼(Valentino garavani)

瓦伦蒂诺十七岁进入裁缝作坊学徒,天资聪颖,有着对服装工艺的长期历练和匠心独运,后增强美术训练,接触意大利博大精深之视觉艺术传统,并熏陶其创意灵感。后在巴黎从业,对意大利文艺复兴艺术的人文精粹、雍容内蕴和巴黎新生贵族的沙龙趣味了然于心。瓦伦蒂诺的创意始终保持了对欧洲传统视觉经典和贵族资产阶级品位的坚守。在大众文化、民主思潮和流行文化的大潮中,瓦伦蒂诺的创意风格被称作是"最后的贵族"。(图10-26、图10-27)

(三)詹尼·范思哲(Gianni Versace)

范思哲自幼在其母亲的服装店里,耳濡目染,心有灵犀,后学习绘画,是服装设计师中少有的擅绘画者。范思哲非常明确古典艺术的资源对于近现代流行服装的符号作用。他采用古罗马的太阳神图腾符号和对后罗马

图10-26 加利亚诺

图10-27 瓦伦蒂诺

图10-28 詹尼·范思哲和他的服装创意图式

时期的浮华、奢靡趣味的直接引进。在他的创意中大量采用古罗马的装饰图案,家纺面料和配饰纹样当中,并以金色为主料,恰好投合了渴望财富的新贵族群的消费心理。在20世纪的80到90年代,社会和科技高度发展,财富增长率迅猛提高,社会中产阶层扩大,大众文化的审美心理由平民化转向了财富象征和虚浮的矫饰风格。几乎人类历史时期其宫廷的奢靡风格都被选择到流行文化当中,从家庭装饰、家纺设计到服装无不如此。范思哲创意的成功是恰好迎合了普世的思潮和消费心理。范思哲的资源选择也取决于他独特的慧眼和优雅的品位。范思哲的设计特点在服装结构和样式上与当代流行服装并无二致,他的特点正是在这独到的文化选择之上。范思哲品牌创造了商业销售神话,也体现了家族经营在现代商业中所能爆发的能量。(图10-28)

167

(四)克里斯汀·拉夸(Christian Lacroix)

拉夸是一个典型的后现代潮流的服装设计师。他的服装创意中错乱的色彩和拼凑的结构正是今天这个天花乱坠的流行界、五光十色的万花筒的典型代表。拉夸具有天才的整合能力,在他的视野中有没落的贵族、垃圾艺术、广告的色彩和街头文化。拉夸能够巧妙地把这些散漫的形态和错杂的色彩调配到一起,同时能保持一种不失优雅的狂野和不失主体的杂糅,这需要高深的专业修养和宽阔的文化视野兼具一身。拉夸的服装迎合了不愿循规蹈矩而又不愿失去社会身份的主流人士的信赖。由于当前全球性的经济危机,拉夸品牌的破产似乎预示着一种新的服装审美和消费心理会替代流行服装的经典传统。(图10-29)

(五)薇薇安·韦斯特伍德(Vivienne Westwood)

这位永葆青春的老太太成名于20世纪60年代,席卷欧洲的左翼思潮、学生运动、社会动荡,造成了流行服装的街头化和朋克风格。对社会现状的愤怒、不满,青年人虚无、颓废、叛逆不羁。韦斯特伍德颓废服装风格和"披头士"的音乐、金斯伯格"垮掉的一代"的诗歌以及马尔库塞的文化学说,福柯的解构思想共同制造了混乱而又激动人心的时代。革命结束以后,消费时代使世界趋于平静,薇薇安却从来没有停止过她的非分之想和标新立异的创意。步入晚年的她,仍然像充满幻想的年轻人一样,不断推出浪漫幻想、激情,充满艳俗色彩的霓裳幻影。韦斯特伍德永不停息的创造已经成为英国创意产业的一种国家符号,也给年轻的服装设计师们提供了一个由"服装愤青"到"流行祖母"的业界楷模。(图10-30)

图10-29 克里斯汀·拉夸和他的服装创意图式

图10-30 薇薇安·韦斯特伍德和她的服装创意图式

(六)川久保玲(Rei Kawakubo)

日本的文化艺术从来号称师法中国,但日本的文化艺术从来没有真正领会中国的元气和神韵。倒是对欧美文化艺术的心领神会、亦步亦趋,使日本的文化艺术跻身于世界先进文化之列。在经典视觉艺术领域,没有产生世界级大师,却在流行艺术的服装领域产生了几位领军世界潮流的顶级人物。面对西方的形形色色、喧喧闹闹,川久保玲以她孑立于世的冷峻孤傲、禅宗静修的现代遗风征服了以服装帝国自居的欧洲人。

川久保玲的冷漠简约风格影响了以后众多标榜另类个性的设计师,但她的精神原创性却很少有人能够达到。川保久铃风格所标明的精神的孤岛和个性的世界,是这一代人特有的经历,正好产生于旧的精神架构的解体和新的精神虚无的迷茫放纵之间。而以后的设计师不过是在这种原创的审美维度中延续变化而已。任何足以震撼人的形式创造都必须具有精神的高度,服装设计也一样。在今天的消费时代,由于精神的消减,看什么都不稀奇了。

(七)三宅一生(Issey Miyake)

建筑师出身的三宅一生,善于从材料的特质和物体的空间样式上去思考问题。三宅一生通过褶皱面料的空间展开传导给人服装与环境,人体与自然的存在关系的全新感觉。褶皱面料及其变化的形态所呈现的是科技时代的有序性和心理空间的无限性。许多人认为三宅一生的形式创意来自日本的文化背景,其实不然,三宅一生的奇特之处正在于他对科技时代的时空关系和人体处境的心有灵犀。三宅一生的服装风格所能提示给设计师的是对科技时代的敏感和人的适应性、创造性的感悟。欧洲的许多设计师身处其中,熟视无睹,三宅一生却以换位思考登其堂奥。(图10-31)

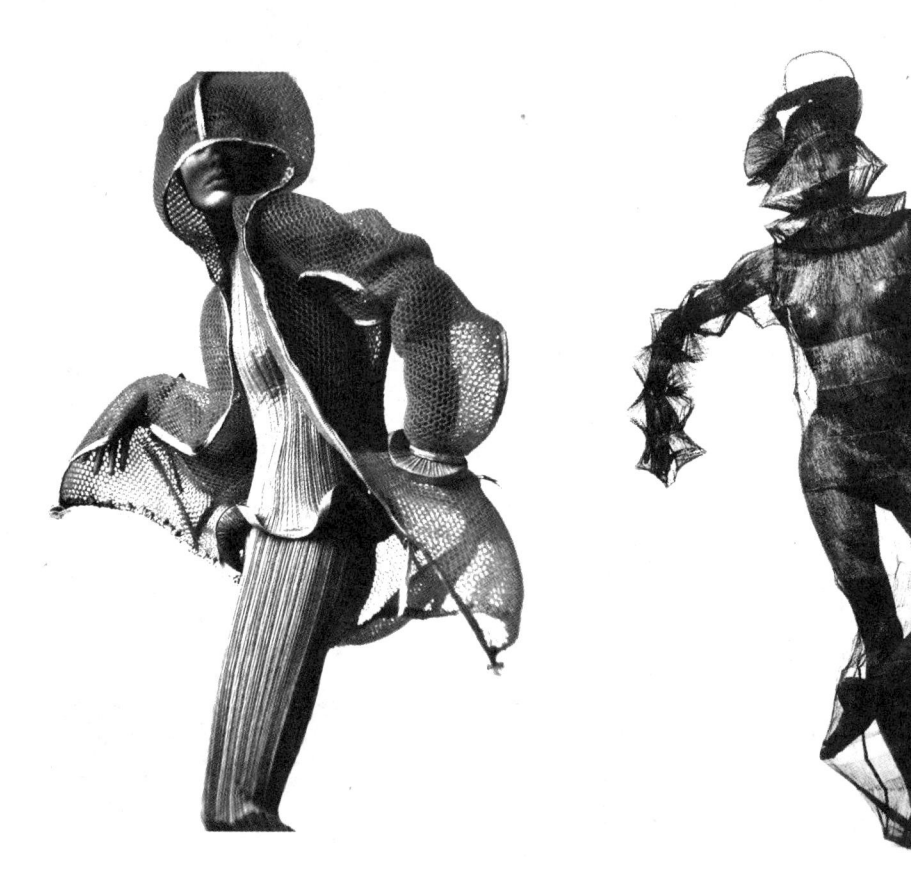

图10-31 三宅一生的服装形态

（八）亚历山大·麦克奎恩（Alexander MacQueen）

亚历山大·麦克奎恩是欧洲服装的少壮派，他的风格似乎预示着欧洲高级服装的生态。后现代设计的显著特点就是以一些不相干的图示和符号构成异质同构的意识场。麦克奎恩成名的个性符号是华丽的鸟羽和鹰翅。这种并非环保主义的资源选择刺激了平淡无奇、创意枯竭的欧洲装苑。亚历山大·麦克奎恩异军突起，尝到了荒诞组合的甜头，他不断将一些电脑才能设计出的头冠和一些高新材料的结构主义直接套上服装。当这些手法黔驴技穷的时候，亚历山大·麦克奎恩又捡起了他的华丽的鸟羽和鹰翅，将其作为风格符号到处张贴。麦克奎恩提供给顾客的服装却不像他的T字台服装那样想入非非，一般都是规规矩矩的白领样式。（图10-32）

图10-32　亚历山大·麦克奎恩和他的服装创意图式

（九）让·保罗·戈尔基（Jean Paul Gaultier）

艺术可以是团结人民，教育人民，打击敌人的武器。艺术也可以是赏心悦目、开心寻乐的游戏。如果说，因为游戏人生、玩世不恭而成名，耀目于世，那就是戈尔基了。他的设计总是不太经意，轻轻松松而又制造惊奇，戈尔基善于捕捉各个年代的游戏心理，充满荒诞不经的想法，所以往往引起服装评论界和消费者的曲解。其实，戈尔基深通市场之道，他的离经叛道的张扬和随时制造的噱头，都促销了他那些平淡无奇的成衣。50后的戈尔基至今仍在保持着他的天性，时常抛出他的T字台上的欢乐游戏。（图10-33）

图10-33　让·保罗·戈尔基

170

(十)卡尔文·克莱因(Calvin Klein)

卡尔文·克莱因的大众路线、平民消费方针曾令欧洲人百思不解。只有美国才能创造卡尔文·克莱因这种神话。标榜个性、尊重隐私的绅士们，绝不会容忍，卡尔文·克莱因的商标印在亿万男人女人的内裤上。卡尔文·克莱因的平民休闲风格却像罗杰斯的乡村民谣一样深入人心。他的风格路线是民主社会大众消费的传播神话。不是每一位设计师都有卡尔文·克莱因的幸运，这需要强大的财团实力和庞大的消费网络，以及恰当的历史机遇。卡尔文·克莱因是大众消费、平民路线的市场符号。

图10-34　卡尔·拉德菲尔德

(十一)卡尔·拉德菲尔德(Karl Lagerfeld)

拉德菲尔德的鼎盛风格形成原因是他执掌夏奈尔品牌后，将夏奈尔的中产阶级优雅品和没落贵族哗众取宠、冷黑孤暗搅和在一起，以色彩的凝重和款式的新颖赢取了中产阶级的青睐。除了服装形态的高贵孤寂之外，拉德菲尔德精心设计的明星形象也是他引人注目的成因。(图10-34)

(十二)伊夫·圣·洛朗(Yves Saint Laurent)

与瓦伦蒂诺一样，圣·洛朗也是17岁当学徒，后授业于设计学校，因设计获奖而受聘于多家服装设计公司，圣·洛朗成名的过程正是二战后欧洲服装勃兴的时代，遵守成衣规范，扩大文化视野是圣·洛朗风格的成因。圣·洛朗以欧洲中心的视觉制造了中国风情、越南风情、欧洲风情、南美风情。法国世界杯足球赛开幕式上，圣·洛朗的服装产品让全球观众见识了法国服装帝国的实力和风采。圣·洛朗的传媒形象和他的生活传闻也是消费者的兴趣所在。尽管圣·洛朗曾在中国国家美术馆举办过他的个人展览，但中国民众认识圣·洛朗更多是从圆明园兽首的世纪大拍卖开始。(图10-35)

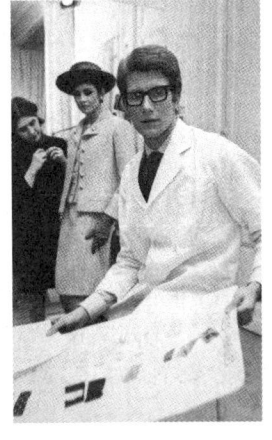

图10-35　伊夫·圣·洛朗

171

(十三)维亚契斯拉夫·扎伊采夫

俄国的文化博大精深,俄国的文化精神就像他的国旗上的双头鹰,兼具西方的民主自由和东方的专制强悍。俄罗斯广袤的土地和东正教传统积淀了雄浑厚博的文学、音乐和造型艺术传统。俄罗斯的艺术大师阵容庞大,而优秀的服装设计师却寥若晨星。扎伊采夫的创作灵感来自寒冷的俄罗斯厚重的服装质感,他赋予厚皮、轻裘以浓厚冷艳的装饰。扎伊采夫还从沙皇时代的长袍和高帽获取了创意的灵感,用现代艺术的表现手法和商业意味浓厚的广告色彩以及珠宝彩饰塑造了现代俄罗斯的时尚风采。扎伊采夫的创意抓住了俄罗斯艺术雄成大器的脉络,把现代商业的珠光宝气融进俄罗斯的忧思和野性中。

(十四)纪梵希(Givenchy)

纪梵希大概是全球服装设计师中身高的顶级人物,他设计的服装也都是修长、挺拔的。早年的纪梵希成名之作是把白色的粗质面料做成修长、悬垂的系列长袍。纪梵希的设计生涯贯彻了总基本定位,他的风格挺拔修长、单纯肃静,风格优雅。正是由其结构简单,面料单纯,所以在工艺制作中,追求单纯而经典的品质。纪梵希的风格跟他自身的形象一样,有着优雅的绅士风度和贵族气息。随着时间的推移,纪梵希也追求一些形式的变化,但都没有超越他稳健、清雅的路线。(图10-37)

图10-37 纪梵希的服装创意图式

(十五)梁明玉

画家出身的梁明玉自幼受过严格的造型训练,她坚信服装的终极就是表现人类精神的经典艺术,所以在她多年的设计生涯中,总是坚持超越流行的独立原创。同时,她多年实践中端和低端的服装市场,这种两极化的处境使她的设计创意具有极大的包容性和跨越性。梁明玉的设计创意超越高级成衣的规范,往往是从中国的服装传统和民族地区的服装特征以及雕塑、装置艺术、行为艺术、环境艺术的空间结构、绘画的色彩去建构原创意图,吸收欧洲高级服装和歌剧服装的气度。所以,她的服装总有着人体雕塑、装置、行为艺术的形式特征和风格取向。梁明玉以其原创精神和新锐创意始终活跃在服装界和演艺界。

梁明玉的风格具有强烈的中国本土文化意象,而这种意象来自于对传统的解构性认识和现代造型艺术的营造手段的理解。她的设计领域宽泛,除了她独立的高级服装作品形态之外,多为大型演艺舞剧及体育赛事开幕式服装,风格磅礴大气极具视觉震撼。她的市场服装路线则通俗优雅、清净平和。(图10-38)

图10-38 梁明玉与她的作品

图10-39　刘洋及其服装作品

图10-40　吴海燕及其服装作品

(十六)刘洋

自幼钟情服装的刘洋，经由美术学院的专业训练，具有高端的服装品位和对时尚的敏锐捕捉能力，在中国服装走向国际化的时代，刘洋巧妙地将欧美高级成衣的风致和中国的服饰趣味融为一体。刘洋的设计风格大气，结构布局和色彩处理精微考究。刘洋对服装的观照致宏极微、豪迈温柔、气韵如风、心细如丝。刘洋的设计形态有很大的跨越度，男装、女装、童装、职业装，均能趋尽表现，语言丰富，具有动人的品牌魅力。刘洋创造的《七匹狼》和《以纯》品牌，都深受民众喜爱，销售业绩不俗。刘洋的设计风格充满活力，总能在时尚的长河中掀起浪潮。刘洋还是中国极少的偶像派设计师，他优雅的衣着，俊美的形象，温柔的举止，使他成为公众形象，开辟了时尚生活的人文景观。(图10-39)

(十七)吴海燕

出生于丝绸之乡的吴海燕，浸染着江南山水柔丝盘锦的气韵。吴海燕对丝绸的柔性有一种性灵上的认同和视觉上的驾驭能力。她的设计创意呈现出江南的自然景观和人文气息。中国美术学院的专业训练，使她能够用这些柔软的丝绸营造出消费社会错杂的风景。吴海燕的设计在二十世纪末，从明显的中国风情转向了国际形态，她不断地活跃在世界各地的服装展事和市场中，给她的江南风情风格揉进了华丽的晚礼服和制作精良的高级成衣手法。吴海燕是中国最早实验以设计师工作室服务于品牌的实践者，这种使设计和生产相对分工的产业机制在欧美行之有效，但在中国，却是属于试验田的状态。(图10-40)

(十八)张肇达

张肇达几乎是中国最早到西方服装市场打工的实践者，在香港和美国的学习经历使他体悟到国际服装业的趋势和机巧。张肇达也是最早具有品牌意识和运作方式的设计师。张肇达的这种禀赋使他的设计风格总能捕捉到时尚的风影。张肇达的基本服装形态是晚礼服，他能够在这个基本形态中演绎和制造各类时尚风潮。如欧美的浮华、中国古典的端庄一直到后现代的荒诞组合，牛仔裤和蕾丝花边的交织。他的风格是一种"以不变应万变"。张肇达具有迅速构架系列款式的创意能力，他总是在思考和投入中国服装业的下一步。张肇达才思敏捷、精力过人、视野开阔、创作勤奋、致宏极微。(图10-41、图10-42)

图 10-41　张肇达服装作品

图10-42 从左至右：中国的服装名师们：梁明玉、王兴元、张肇达、吴海燕。

(十九)马可

  20世纪90年代，中国大陆迅速崛起的中产阶级和富裕人群对西方文明和国际化潮流崇尚与追逐，使马可的国际路线和欧美简约风格、另类塑型受到了城市青年白领的普遍接受。马可用浅淡、沙漠般的基调和立体裁剪的几何意味，与中国服装市场那些领袖齐全的常规形态拉开了距离。以小众服装的形态、大众服装的销售模式促进了马可商业上的成功。对一种风格的信念和坚持不懈的努力，使马可成为新一代设计师中的佼佼者。

思考题

  1. 如何理解服装的精神性和文化内涵？
  2. 为什么说服装创意的本质是对人的关怀？
  3. 你对前卫服装设计有何认识。
  4. 解释如下概念：人与自然、气韵与品位、情感和趣味、功能与再现。
  5. 为什么绘画艺术的一些法则可以运用在服装设计中？
  6. 设计师的成功有哪些原因？

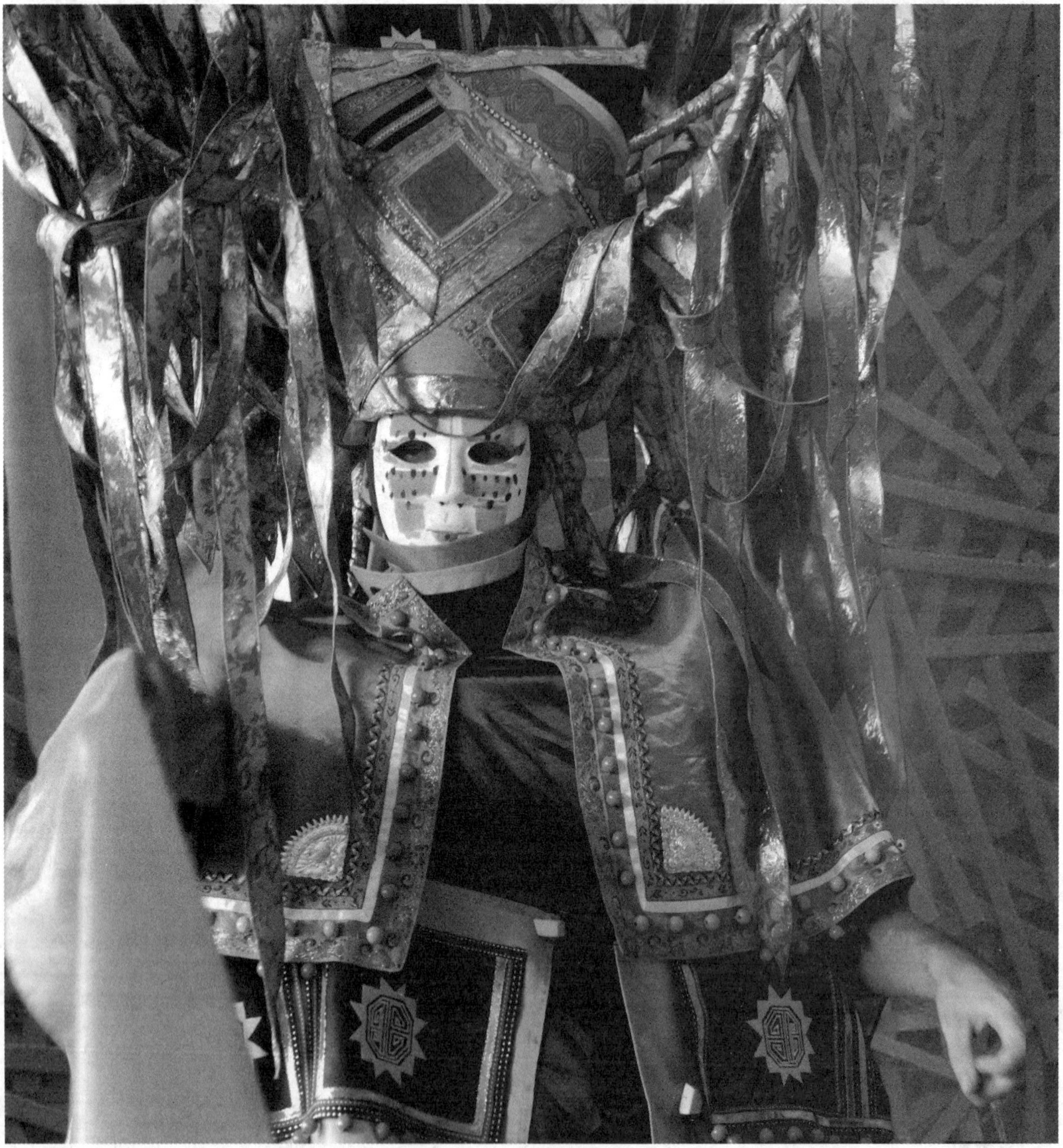

高等院校服装专业教程
创意服装设计学

第十一章 创意设计与资源整合

一　服装艺术的创意来源

服装既然关涉人,那么关于人的一切资讯起码是主要资讯都应该被服装设计师所关注。反应迟钝的人是当不了服装设计师的,尤其是服装艺术家。设计师应该对社会、人生、周边、自然界发生的现象、趣闻保持敏锐的触觉,对人生命运、人性的光明面和阴暗面都应该有周密的观察,尤其是与服装有联系的方方面面,设计师应该把面料和裁剪当作画笔和塑泥,跟所有艺术家一样,用服装的视角去观察人生和世界。创意的观念来自于对社会的审视,对人生百态的观察、批判,对自然环境、生态环境的挚爱与忧患,对形式语言的不尽探索,对服装语言的技术熟练。

在本书第一章节中,我们已经明确了创意的思维具有换位思维、逆向思维、跨界思维等,设计师在面对常规和变异的事物时,这些思维方式可以使设计师做出独到的判断,产生与众不同的创意。

今天的人类社会是一个丰富多彩、变局多端的社会,服装艺术也是千姿百态、方兴未艾,旧的模式已去,新的纪元未来。二十一世纪,将是服装设计师充分展现创意才华的世纪。

长期以来,全球服装设计依循欧洲中心论的文化定式,服装艺术几乎是欧洲富人的游戏。全球高级定做成衣的服务对象都是皇室成员、王宫贵族、阿拉伯的石油大亨及好莱坞的明星大腕。作为纯粹艺术品的服装却很少有人问津,它的高端命运是进入博物馆的陈列橱窗。随着高端客户的日益减少,高级服装和高级成衣日渐萎缩。2009年,Lvhm上半年的净利润下降了23%,克里斯汀·拉夸宣布破产,皮尔·卡丹全部转卖,全球高级成衣前景不妙。设计师的才华和精力在相当长的时期内将要投入到中端的市场上,服装界的创意方向和审美风标也将面临巨大的调整。

今天的时代,已经进入了民主化和科技化。虽然政治的民主不尽如人意,但消费的民主、审美的民主却是大势所趋。皇宫贵族和普通百姓都穿着牛仔裤,开着奔驰车,贵族和高雅的艺术已全面作为消费资源,由大众文化任意选择。因此,今天的时代也是一个无权威、无中心的时代,一个平面化的时代。艺术的形态将继续朝着没有深向度的杂糅景观发展,这也给服装艺术的创意提供了更加广阔的空间和无可适从的处境。

在本书前面章节中已经概述了服装创意设计的逆向思维、跨界思维等思维特征,以及现代服装创意的特点,就是善于用整合的方式调集各类的资源。二十一世纪勃兴的创意产业,其产业特征就是以智慧为生产力,通过各种资源整合,以尽可能少的投入,获取尽可能多的利益。服装产业和服装设计正是这样的创意型生产方式和创作方式。优秀的服装创意就是以敏锐的观察和独具的智慧整合各种各样的资源,关涉服装设计的资源,几乎是人类生活和自然生态的全部,不可能一一尽述。下列资源均能直接作用于服装设计的创意整合。

二　社会生活资源

(一)经济状况

海量的社会生活资源方方面面、形形色色,对服装创意来说,首先应该考虑的是接受者的经济状况,每个人的服装消费,甚至于消费的审美趣味都是取决于他的经济能力,超过其经济能力的设计,消费者只有望洋兴叹、临渊却步,抑或望梅止渴,以枳代橘。

每一个阶层都有其特殊的经济状况,都有着其规定性的生活方式、生活习惯和消费的局限。不同经济状况的人对一件同样的服装会做出不同的判断,不同的经济收入也会有不同的财富观和审美观,在这些不同的层面中都有设计师所需要的创意资源。对不同经济状况的阶层所属的资源不宜轻易武断的褒贬。富裕者拥有的财富、器物和趣味与贫困者拥有的财富、器物、趣味各有千秋。哲学家洛克说："距离产生美。"贫富之间的距离是产生审美诉求的空间，也是产生服装创意的重要契机。奥斯卡金像奖的最新得主《贫民窟的百万富翁》描绘了赤贫者对财富的渴望和追求以及在金钱刺激的过程中，人性的美善丑恶。在好莱坞著名的电影《罗马假日》中，高贵的公主却厌倦皇室的规矩，而仰慕贫民的世界。同样，在服装的阶层趣味中，名牌华装的消费层也对破缝补丁的牛仔裤、地摊风格的贫民装情有独钟。而在普通市民的消费趣味中，富贵华丽的装饰趣味，对财富的象征性追求也是一个永远的话题。

所以，审美和艺术虽然是超功利的，但是财富和价格却是一种审美的心理因素和艺术的表现语言。服装设计师在选择上述资源时，需要有一种超越的眼光和积极的创造力，将财富因素作为一种积极的设计手段，运用到自己的服装创意中去。

(二) GDP 和智能创意

GDP 是衡量一个国家和地区经济产量的绝对值。虽然 GDP 不能表明这个国家的综合国力和发达程度，但 GDP 发达的国家和地区具有服装及消费品的购买潜力。在中国沿海地区的经济起步和原始积累阶段，这些地区的 GDP 增长都是靠密集型的加工产业完成的，中国的服装加工产业为 GDP 增长立下了不可磨灭的功劳。沿海地区集中了中国绝大多数服装加工企业，也使中国成为世界的服装加工厂，正如温家宝总理指出的那样，我国要靠加工上亿件衬衫才能换回一架空客飞机。国内的设计市场和国际服装的订单是中国服装品牌产生的基础。在服装业和品牌发展史上，审美意识和创意智能的因素总是居于财富积累的意图和现实利益之后。人们总是在付出大量低级劳动的过程中，发现品牌和创意设计的附加值。在中国成为世界最大的服装加工厂的时候，中国的服装品牌知名度和创意设计的附加值仍然不尽如人意，处于初级阶段。这其中有很复杂的因素，有企业的观念意识、政府的税收政策、劳动密集型产业的就业空间和机会以及市场现实，当然也有着设计师的意识、问题和责任。告别劳动密集型产业方式，以创意智慧作为服装产业的核心，使服装全面进入品牌化时代，这是中国服装企业的必经之路、当务之急，也是所有的设计师的努力所在。

(三) 购买力和平均消费指数

购买力和平均消费指数都能够表明服装的承受能力和消费意愿，测定一个地区的服装消费在平均消费指数比例，不仅是服装厂商的经营之道，也是设计师的一种参考尺度和选择资源。对这种资源的熟悉决定着设计师是否能把某种风格投向所属市场，也决定着设计师的成本控制和销售价格的测定。

(四) 生存环境和生活方式

人类对服装的诉求都是基于生存环境和生活方式，环境决定了人对服装的功能需求、形象需求、表意需求和交际文明需求。生存环境还决定人与自然之间的关系、人与环境的关系，服装作为人与环境的一种中介形态，就会呈现不同的样式和面目。人的生存环境和条件，还决定着人的道德观和羞耻感、人的伦理关系和交往方式，这些因素都直接影响和作用于人类的服装观念和服装形态。在上述各种制约因素中，产生了丰富多彩的服装形态和服装资源。服装设计师应该了解上述之间的关系，从而从这些路径去搜集和整合有效的资源。

在艺术学院中（包含服装设计专业），往往会通过采风的形式到区别于学生所处的环境中去体验生存环境和民风民俗，如果只是走马观花、浮光掠影，用速写方式或照相机收集资料，那么所收集的素材和资源也不会对学生的设计创意发挥多大作用。因而必须对上述生存环境和服装的真实观念有真正的体悟和理解，那么这种资源才会以一种鲜活的形式和心灵的通感真正运用到创意之中去。

20世纪80年代,我们曾在贵州省黔东南地区深入苗寨考察,山区封闭的生存环境保留着千百年来的习俗,孩子从能捏住针线起就开始刺绣,到出嫁时,制成嫁衣,这件嫁衣织尽了从孩提时代到出嫁的青春,这其中包含的人文资源充满了情感,撼人心魄,不是以物性考量所能认识的。所以对这些资源的收集是要靠感悟,而不是单纯的累积。

在服装设计中,经常要接触到服装的裸露问题,人类关于对裸露的禁忌来自于宗教禁忌和道德理性规范的禁忌。但是在人的真实环境中,人体的裸露却是一个纯粹发生的现象。如非洲的热带地区,云南和东南亚亚热带地区,裸体并不是代表羞耻感,而是代表美感。人们在裸体上纹身,创造出人体彩绘,这种所谓野蛮的艺术成为今天最时尚的人类文明。深层次的理解生存环境和生命的表现形式以后,便会正确处理好服装与裸体的关系。其实人的裸体是没有经过文明包装的真实生命,他的美感是任何服装装饰所难以替代的,在设计师的创意思维中,应该把人的裸体也当做一种生命的表现质材。(图11-1、图11-2)

图11-1 印象派画家马奈《草地上的午餐》,首次打破现代人的裸体禁忌。

图11-2 人类最早的三点式运动装 古罗马镶嵌壁画

在现代服装设计思潮中,人与自然的关系、人的发展和生态保护的关系日益得到重视,服装的流行本来就产生于人类无穷的发展欲望和创造能力。从本质上跟生态的保护和自然的属性存在很大的矛盾。在环保主义者的强烈反对声中,豪华的裘皮服装声势渐弱,制造商和设计师们开始注重天然环保材料的开发,表现出人和自然的关系。重新审视地球生态的服装作品也成为时髦的潮流,频繁出现在T字台上。服装界将在这发展和保护的矛盾中,探索前进。

(五)城市面貌及建筑空间

不同的文明创造不同的城市,人类要维护不同的文明就应该保护不同的城市面貌和文脉。在人类的历史阶段,人们居住在不同的城堡和村落,说着不同的方言,穿着不同的服装。而今天,经济的全球一体化和文化的全球化也带来了城市面貌的统一化和人类装束的统一化,这种统一化其实是和多元化相违背的。部分统一城市面貌会断送城市的文化命脉和有机的生命。在发达国家中,政府和民众都注重这个问题。在二十世纪初的经济发展期,就开始注重经济发展和文脉保护的关系。(图11-3)

而在中国的今天,全国的城市面貌几乎一模一样,使人分不出生在何处,交通方式也都高度一致,高速公路、机场、出租车、地铁、楼房的风格和结构高度一致,每个城市都在朝高楼化发展,建筑毫无品位和个性,一看就是出自急于发展的意图,缺乏人文的规划观念。商场的门面、卷帘门、瓷砖,所有的城市都有着连锁经营的巨型商店,所销售的服装品牌相差无几。现代化发展,往往会因对利益的追逐而不顾人的心灵关怀,因之带来高度一致化的景观,潜藏着导致人类退化的危险。每一个从事设计和规划的人,都应该意识到这种危险性。多元化的世界和一统化的危机,是完全不同性质的,设计师应该在保持多元化的同时杜绝一统化。

图 11-3 伊斯坦布尔，一座横跨欧亚的城市，城市风貌错综悠久。

三　科技资源

(一)数码化生存环境

高科技不仅改变了人类的产业模式，也改变了人的生活方式。高科技时代的数码化使人类很具体的生活一下变得抽象了，在给人的生活带来方便的同时，人的主体意识正在消解。比如，我们常常兜里揣着几十张磁卡，往往插错了各种终端机，把人的脑子全部搅乱套了，当人们习惯于这种数码化生存的时候，那种对鲜活事物的认识，远离了那种亲力亲为的事物，减少了人与人之间的交流，疏远了人与人之间的情感。

高科技时代也给服装设计带来各种新的结构观和视觉效果，也影响了人的服装感官。科学的秩序和手段改变了人的审美，数码化形成的精致化，金属的冰冷、玻璃的透明和简约的几何形式，形成了科技时代制约性、技术性的美感。高技派的建筑手法和简约派的工业设计都影响到服装设计。材料学和空气动力学、高分子化学和生物技术、纳米技术都直接运用到服装领域。

数码化时代，对服装设计最大的影响还是电脑辅助设计给服装设计师带来的功效。数码化设计产生了特殊的美感和奇异的效果，它能创造出人脑、人手不及的多维空间和复杂色彩，但数码设计带来的复制性和数据化也消解了手绘设计和手工设计的美感体验和生动的韵味。电脑辅助设计给设计师带来了方便和效益、刺激与联想，这些都是非常可贵的。但设计的主体毕竟是人，优秀的设计师能够在数码化生存中，保持自己的清醒头脑和主体意识，做创造的主人，而不是数码的奴隶。(图11-4)

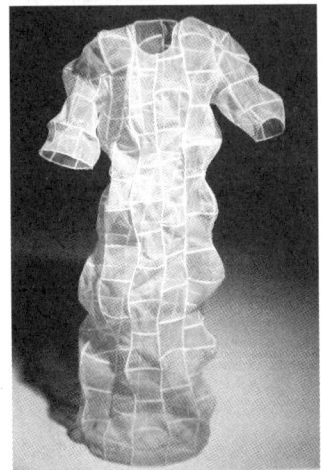

图 11-4
人类服装在外层空间——宇航员登月服装　科技材料与服装形态

181

(二)新面料、新设备机具

纺织业的科技革命,给设计师提供了神奇变幻、无限广阔的面料世界。在《第一视觉》面料展和"伊格多"博览会上,目不暇接的面料世界,无限的选择可能,也会消解设计师的主体意识。日新月异的面料,在成就设计师灵感的同时,也可能毁掉设计师的创意。所以如何对待新面料的心态,至关重要。一方面是设计师要善于发现;另一方面,面对各种形色刺激和选择可能,要保持冷静的头脑和创意的主体性。

各种新的服装机具保障了现代服装的品质、工艺水平和创意效果。各种传统的机具都插上了数码的制版,整体地进入了服装的智能世界。对这些设备机具和能达到的工艺效果的熟悉,能够使设计师达到致宏极微的设计意图。

四 流行信息资源

(一)专业信息

专业信息是设计师掌握服装产业和市场信息动向的重要来源。对服装设计师来说,专业的信息包含行业的期刊和资讯,专业的展览和资料交流,专业网站的各项信息和品牌发布,设计师同行的设计观摩以及流行服装期刊上的最新信息。服装设计师尤其是从事市场销售的设计师,专业信息非常重要,因为服装设计和市场的适应形态已经形成了专业的规范标准,符合这些规范和标准是保障其从业的品牌的品质所在。

(二)市场信息

用预测的方式和调查的方式都可以收集到市场的信息,市场信息又分成宏观和微观的信息。在宏观方面,服装设计师,尤其是首席设计师应该了解全球服装业和服装市场的基本动向,还应该对国内相关专业协会颁布的销售排行榜密切关注,对主导市场的服装形态和面料倾向要做到心中有数。同时,不能轻信和依赖权威机构发布的流行趋势和市场信息,必须要按照自己所属品牌的市场现实和消费群的固态和变化,来处理信息。

在微观方面,具体区域和卖场畅销的服装类型和款式,消费者的选择趣味所在,都是设计师所应密切关注的。优秀的设计师应该在季节产品形成以前和上市以后,抽时间亲临卖场,搜集来自消费者的直接反馈,和同类服装品牌的信息进行比较、借鉴。只有在不断、充分的信息资源中,设计师的思路才能不断地保持活跃和清醒,从而使自己保持旺盛的创造精力。对于微观信息的处理,仍然需要保持自己的主导意识和基本定位,设计师的头脑就像一部信息处理的主板,不能让漫天海量的信息消解了自己。信息资源只有经过处理、整合才能生效。

(三)消费者信息

久经沙场的设计师们都会有这样的感叹,到底是设计师在进行设计还是消费者在进行设计,这个事实起码可以说明来自消费者的信息的重要性。民众的信息是散载的,没有主导性,民众的信息表现了千姿百态的、千差万别的消费诉求和审美品位。对于民众信息的尊重是在于民众是消费的主体,是消费的上帝。使民众掏腰包来买你设计的服装,但又不能面对民众的信息无所适从,这样就会真正淹没在消费的人民战争的汪洋大海之中。所以,对民众的信息也是要经过设计师自己来处理的。民众的信息来源和渠道主要有两种:

1. 时尚传媒所传达出来的流行趣味；

2. 从服装卖场之中，直接反映出来的各种销售数据。

前者信息是笼统庞杂而又充满水分，因为设计师不易判别到底是时尚传媒制造者发布的信息还是消费者自己发出的信息。在前述的章节中，我们已经了解到，时尚和流行往往是时尚制造者和消费者共同所为，因此，对前者信息，需要进行理性的透析，从而在湍流杂烩的时尚潮流中，梳理出自身定位的清流。第二种信息，则相对切实可靠，但设计师对这类的信息也要仔细分辩。每一位消费者的购物心理都是有偏好的，这种偏好也许是内性的偏好，也许是个性的偏好，设计师在处理这种信息时，切莫闻喜则自我陶醉，遇挫则烦躁气馁。应该冷静地分析这些信息的涵义，分析出自己的设计应该调整的方向。（图11-5）

图11-5　服装设计师收集信息反馈、亲临现场。

五　文化资源

上述的信息资源都是设计师的专业和日常所要面对的现象，而形成服装创意的资源远远不止这些。服装其实是一个庞大的文化载体，人类的各种文化现象和人类的各种文化追求以及旨趣都会承载在服装上。如果说，市场销售的服装由于其稳定的形态，其文化承载量是有限的，那么在演艺服装和作为纯粹艺术品的服装领域，这些各种各样的文化资源则较为明显的体现。

(一)历史文化

在前述的章节中，我们已经叙述到，人们对历史形象的判断，是依据古代的器物和服装，服装所积淀的历史是最为直观的历史。通过服装人们可以认识各个历史阶段的民俗风情，通过各种历史资源也可以对服装创造增添创意的依据和视觉的语言。比如，你要为一部写实风格的古装戏制作服装，那么你必须对所属时代的服装特点、风俗人情、礼教规矩做深入的了解，当然你也可以依据你对历史的了解做出你认为更能表现历史真实的服装形态。

我们今天的一切创造也可以说是历史的规定性，历史文化给我们的资源取之不尽，用之不竭。且不说世界各国都有其辉煌而特异的历史文化，中国历史文化所给予设计师的资源更是得天独厚。商周鼎彝、金文篆籀、图腾纹饰、彩图纹样、土布蜡染、汉袍秦襟、唐丝宋锦，这些都是设计师们的直接资源。《诗经》、《礼记》等儒家资源，《汉官仪》等典章制度资源，浩瀚的道释经典，老子的哲学、庄子的寓言，唐诗、宋词、元曲、绘画、书法、雕塑、戏

183

剧、文物、家具、器皿及各种非物质遗产，都是服装设计师的丰富营养和创意资源。生有涯而学无涯，人有尽而艺无尽。中国的服装设计师如何承负历史遗产，真正开辟我们中国的当代服装艺术道路，路漫漫其修远，有待上下而求索。

(二)民族文化

民族文化的继承和发展是服装设计界的老生常谈。人类的文化都是按具体的总文化形态生成发展的，每一个民族都有它独特的历史痕迹和规定性，每一位优秀的服装设计师也都非常自觉的秉承这些所属民族的文化传统。关于这一点，不管是否刻意强调民族文化的规定性，都潜性地规定着设计师的文化观念和创意思路。而每一个民族的设计师所呈现出来的独特服装文化和创意平台，共同构筑起当代文化的服装景观。但是有一个根本的问题，无论你的民族文化资源如何丰富，无论你的民族符号如何突出，首先，你得服从国际化和现代化的先决性前提。你的服装要被国际所共识、承认，那么你必须说一种国际化的语言。如果你用纯粹原生态的民族服装呈现于人，那么只具有人类学和民族学的意义，对服装创意而言，你必须要以一种现代的国际共识来展现你的民族资源。所以，我们在处理民族资源的时候，我们的创意主板就必须以现代化的指令和程序来处理各种民族性资源。这就是我们常说到的返本而开新，继承而创造的道理。（图11-6、图11-7）

图11-6 巴黎的创始神 圣·安东尼　　　　　　　　　　　　　　　　　图11-7 贵州苗族手工纺织

(三)宗教文化

宗教是关涉人的精神信仰，解决人性的归属和安宁。人类在世俗生活中，一切的满足和痛苦，一切的充实和空虚，都需要有精神的支撑，于是就有了宗教。精神的支撑和安宁是人类的永恒需求，所以，宗教不因高科技时代物质的丰富而消解。在今天的世界格局中，因文化和信仰的差异引起的冲突成为人类分歧的主流。因此，尊重宗教信仰，重视由宗教而产生的文化艺术，避免由对宗教的无知而造成的误解与伤害，这都是今天的设计师所可能遇到的问题。你设计的服装也许会在日益频繁的国际贸易中销往具有宗教禁忌的国家和地区，你也会从不同的宗教和文化中去吸取你创意的灵感。所以，对宗教的了解、尊重和禁忌都是很重要的。

人类的重大文明遗址几乎都与宗教有关，宗教也是文化史和艺术史当中的重要因素，不同的宗教信仰产生了不同的艺术形态，在现成的信仰和精神的终极追求中，才会产生那些令人叹为观止的、虔诚的、无私忘我的纯粹艺术。设计师可以从博大精深的宗教艺术遗产中，体悟到人对神的敬仰，由敬仰和崇拜而产生的精神高度和艺术魅力，把宗教艺术中这种虔诚和精致，应用到自己的创意设计中去。（图11-8、图11-9）

图11-9 法国吉美博物馆东方宗教艺术

图11-8 拜占庭艺术

图11-10 流行音乐演唱会

图11-11 街头艺术

(四)流行文化

流行文化的兴起是从20世纪70年代开始，在此之前的文化，几乎保持了人类传统的文化概念、文化教育和文化传播。无论是中规中矩的经典文化或是离经叛道的现代文化，都是通过经典作品、文化教育体制和书籍来传播。70年代，是一个巨变的时代，社会体制的民主化使普通民众有了相对的话语权力和表达自由。消费时代的到来，使物质和肉身愉悦入侵了传统的文化艺术殿堂，消费世界的商品直接作为艺术材料进入艺术领域。皇权和贵族拥有的高贵文化和优雅艺术被民众选择，成为消费符号。来自街头底层和乡村小调的通俗音乐最终进入主流文化的领域。文化的民主造成了世界的平面，以电视媒体为首的现代传播是流行文化深入民心的主要因素和强大动力。

服装界的流行文化因素更是此起彼伏、潮流迭起。网络世界使流行文化的趋势几乎成了世界的主宰。服装界成为流行制造和传播的主要场所。流行文化的接受心理是平等、趋众、通俗、平浅、拒绝深向度的关系和思考。所以，流行文化便以潮流、趋势和时尚为表征，其接受心理特点是追逐变化、好奇贪心、永无止境。

流行文化的背景是消费社会，流行文化的运行机制是商业炒作，根据流行的需求、市场的需求，不断的制造流行文化产品，而这些产品也作为一种潮流的象征符号，刺激和推进流行文化的诉求，这形成一个循环的永动结构。现代服装文化也是流行文化的主要类属，其运行机制就是商业机制推动文化发展，满足文化诉求。

各种流行文化的信息都是服装设计师创意的资源。青年人喜欢的歌星影星、卡通动漫、快餐食品、电玩游戏、靓车美发、QQ、MSN、摇滚音乐和梦幻组合等等。歌星制造、选美、卡拉OK、网络语言等这一切文化信息本身也是年轻的服装设计师们的生活方式。这些信息的能量是巨大的，形成了服装流行的定式。设计师面对这些信息，应有敏锐的触觉，并其整合成新锐的服装创意。(图11-10、图11-11)

六　艺术资源

(一)视觉艺术

　　经典的视觉艺术概念就是绘画、雕塑、建筑、工艺四大门类。而现代的视觉艺术概念几乎涵盖了所有可视的艺术领域,当然也包含服装设计。对视觉艺术的敏感和功利是使服装创意设计如鱼得水的保障。服装设计师的设计训练和修养是需要长期历练的。

　　绘画是视觉艺术最广泛的视觉艺术形式。一切可视的形象都可以通过二维的虚拟形式被描绘出来。古今中外各种绘画的样式和风格可以熏陶和培养服装设计师的视觉经验。绘画不仅是服装设计图的基础,还是设计师视觉经验和艺术品位的基本保障。西方的绘画和中国的绘画不仅是设计图的基础,还是设计师视觉经验和艺术品位的基本保障。西方的绘画和中国的绘画具有不同的观念和表现手法,西方绘画有着再现的、抽象的、表现的、分析的特点,而中国绘画具有崇尚自然、天人合一,讲究章法层次、追求心灵平衡和人格比附的特点。设计师在接受这些资源的时候,要恰当的、巧妙地利用这些资源的优长之处,以适合自己的服装形态。

　　雕塑的形态跟服装更为接近,无论是西方的雕塑大师还是东方的雕塑的巨匠,对于雕塑当中的服装表现都是趋尽高明、令人赞叹。古希腊菲迪亚斯的女神群像和法国学院派雕塑,对服装和纺织品的微妙刻画都是服装设计师开启心灵的优秀资源。雕塑家罗丹让他的模特做出各种行动的姿势,然后用速写和泥稿的形式捕捉模特肢体的神韵,这种方式可以给服装设计师以巨大启发。中国的宗教雕塑如云冈、龙门石窟和大足石刻都有美丽、精湛的服饰衣纹表现效果。中国雕塑的线性表现手法和写意手法,用坚硬的石头表现出流畅的衣纹魅力。设计师可以通过对这些雕塑作品的凝视和感悟增强自己的服装表现能力和语言组织的美感。现代雕塑的产生往往出自雕塑家对自然物体的颠覆性思考和再创,对工业秩序和人工形体的抽象表现。比如,亨利·摩尔的雕塑手法表现了他穿透和流动的空间观念,给人以空间和体量相互穿透的全新感受。这些资源都可以帮助服装设计师思考自己的服装空间形态,思考人体和面料空间可能产生的关系。设计创意是要探索的,从这些资源中可以帮助设计师进行空间创意拓展。

　　装置艺术的定义是用各种可能利用的材料依照艺术家主体的空间观念和精神观念塑造成有意味的物体样式和空间秩序。这其实和服装的特征有相似之处。装置艺术家们的神奇想象和创造观念可以给设计师新奇的感受和启发。艺术家尹秀珍用女红手工和做玩具娃娃的手法缝制了一架真实体量的战斗机,这种以柔克刚的方式给人启示,纤维和服装的柔性是可以表现看似不能的事物。(图 11-12、图 11-13)

图 11-12　设计师的灵感往往来自各类艺术作品
北京 798 艺术工厂

图 11-13　用尼龙纺织品做成的装置艺术
巴黎蓬皮杜艺术中心

装置艺术的本质特征就在于用各种材料和空间样式体现观念,这些材料的组合、空间的样式有着精神的指向性和特定的语境及语义。没有观念的形式组合不能叫做装置艺术。服装设计对装置艺术的借鉴也是要通过多样化的材料和空间限制,表达观念性的事物或者是表象对象的精神特征。形式语言必须表达精神境界。

(二)建筑艺术

建筑艺术集中体现人居观和环境。建筑体现着城市和房主的文化品位。建筑是承载人体的空间,服装也是承载人体的空间,建筑是相对刚性的,服装是相对柔性的。现代建筑的空间关系、质材的变化,建筑有静态和流动的美感,服装同样有静态和流动的美感。建筑和服装都有承载观念的表现特性。现代建筑与服装设计所具有的共性使得建筑成为服装设计的极为精彩而丰富的资源。服装对建筑资源的转借,切忌直接搬用。有的设计师将建筑的原貌和符号直接搬上服装出现了语言的障碍和不协调。建筑虽然是有着真实的体验和居住功能,但建筑却有抽象的、诗意的美感,设计师应该从这种抽象的角度去认识建筑。建筑跟绘画、雕塑不一样,建筑需要抽象的解构意识和组合意识,服装设计师同样要具备这种意识。(图11-14、图11-15)

图11-14 法国国家图书馆建筑　　　　图11-15 建筑结构可以给服装带来启示

(三)听觉艺术

听觉艺术通常是指音乐和戏剧,也泛指自然和人文世界中,一切发声的审美形态。听觉艺术较之视觉艺术是很抽象的,它对人的感染和震撼,往往直通人的灵魂。听觉艺术沟通人的情感,不同的乐音组合产生了具有形式的音响趣味。人的情感和心理相通,对于服装设计师来说,音乐的感觉是很重要的,其主要的作用在于净化灵魂和心境。其次是以音乐的旋律和节奏贯注于服装的形式,比如服装的动感和形态,色彩的倾向,服装结构的细节都有旋律和节奏的因素。音乐与服装的真正融洽都在于对生命韵律的体验和表现。一个具有音乐感觉的服装设计师,他(她)的设计创意更能够灵动、充满激情。戏剧的音乐比较夸张、抑扬顿挫、有板有眼,尤富于表现性,服装设计师可以从中吸取积极的因素。音乐应该成为每一位设计师的必备修养,设计师在平时的生活中应该欣赏接触音乐大师的作品,倾听他们对世界的理解和表现。了解大师的胸襟和心灵,也应该了解传统戏剧的魅力。古典音乐和流行音乐、原创音乐都有震撼心灵的作用,在吸收这些营养的时候,设计师可以有偏好,但不能有排斥,在兼收并蓄之上,才有突破的可能。

由于听觉艺术的直通心灵,对声音的观察尤能细微地感触万物的生命。自然界的虫鸣鸟叫、风声鹤唳、流水滚石、风雨雷电都能够传导生命的真谛和造物的智慧。能够从声音上去体会宇宙人生,那你就能够洞幽烛微、心领神会。服装设计也会有声音的因素,比如,面料与空气的摩擦震动,步伐与地面的共振,配饰的鸣响等都会增加服装的魅力。(图11-16)

(四)原始艺术

德国艺术理论家沃林格在他的《抽象与移情》一书中认为,"所有的艺术都是平等的,原始艺术和抽象艺术都是取决于人的抽象能力和情感移注。"依照沃林格的见解,否定了文明的艺术与野蛮艺术的界限,改变了人们几千年来由西方文明主脉的欧洲中心的艺术见解。事实上,许多现代艺术家正是从原始艺术中获取了艺术灵感和观察方式。比如毕加索就是受了非洲原始艺术的直接影响,从而开辟了他的分析立体主义。在现代服装设计的舞台上,原始艺术资源处处可见,作为一位现代的设计师,应该从平等的立场、人性的高度去审视原始艺术,并从中获取有效

图11-16 音乐有助于服装设计师的灵感 奥地利交响乐队

图11-17 印第安土著居民的服装艺术

的资源。原始艺术所具有的对人的生命活力的体现,对自然和神灵的敬畏,令现代人望尘莫及。原始艺术的神灵观和精神表现以及神奇的表现手法,也令现代人叹为观止。(图11-17)

在现代文明的进程中,人类因为自己的聪明才智而狂妄自大,造成了对自然环境的破坏和对其他生物的毁灭。这跟原始人类的生命初衷是相违背的,也是与人类的可持续发展的未来相违背的。能在这样的高度去认识原始艺术,我们获得的不仅仅是热情奔放、神秘莫测的形式语言,更能够寻找到一种敬畏的心理、和谐的宇宙观以及赞美生命、保持平衡的生存方式。我们应该景仰原始艺术。

(五)民间艺术

民间艺术和原始艺术一样,在经典艺术盛行的时代,被一个"俗"字判处难登大雅之堂。在今天的后现代艺术生态中,民间艺术仿佛又成了行销的货品,被艺术家用来证明自己的返璞归真和对现代文明的背叛。其实这两种极端都遮蔽了民间艺术的真实意义。

艺术的历史总是由文化权力者来书写,所有的经典艺术都必须符合文化权力者经邦纬国、礼教苍生的意

图 11-18　欧洲街头的民间艺术

图。如孔子删选的《诗经》，先前都是山林水泊的原生态民歌，所以经典艺术就是符合社会规范，并具有正规的技艺系统和传承系统。而民间艺术则是文化权力之外的产物，由符合生命需求而产生，靠民间的师徒帮带、口口相传的方式自生自灭。

人类文化艺术发展到今天，虽然已经进入多元化的后现代文化共生态，但文化艺术生产和传承仍是按经典的艺术模式在进行。由于文化权力的存在，这种运行模式不会改变。所以，尤其是艺术家和设计师必然要经过或者具备正统的教育训练，才能符合整个社会的生产机制和需求，服装品牌和企业仍然要选择具有文凭、岗位证书和正规经历的设计师。而民间艺术一旦进入社会的规范和文化制造的体系，其民间艺术的本质和含量就要大打折扣了。（图 11-18）

> 案例：剪纸与服装剪纸是典型的民间艺术，在第三届城市运动会开幕式点火仪式上，一千四百个穿着七彩剪纸服装的演员形成流动的漩涡、形成壮丽的风景。设计师将中国传统的剪纸艺术直接运用在面料上，用一个人的造型作为剪纸的基本图案单元进行展开。剪纸的特点是镂空、通透，灯光透过镂空的剪纸形成奇特的美感。这是现代服装设计吸取民间艺术的一个成功典范。

七 视觉资源

(一)自然景观和季节变化

自然景观的空间样式及其季节变化神秘莫测、四时交序,在古代人们对自然充满敬畏,人是自然的类属,人和自然形成了和谐共处的关系。人类进入现代文明后,对自然改变了态度,自以为是自然的主人。人定胜天的思想,曾几何时,疯狂的发展,增大了碳排放量,全球气候变暖,自然景观遭到破坏,气候随之变化无常,台风、热浪惩罚人类。人与自然景观和季节气候形成了一种对峙和抗逆的关系。

其实人与自然景观的审美关系,是一种对应的情感投入,人在长期的与自然的和谐中,与自然的空间属性和时间属性有了一种高度的对应性,人的情感和性格属性,在自然的景观和气候中找到了对应。如崇山峻岭使人感到崇高伟大,荒原大漠使人感到旷远悲苍,古道西风使人感到离别的惆怅,小桥流水使人感到舒适惬意,春和景明使人心情开朗,盛夏酷暑使人焦躁烦闷,秋风落叶使人悲凉,冰雪严冬使人透彻圣洁。面对逝水落花人们会感慨年华老去,面对朝阳旭日,人们会心情振奋,在云天上翱翔,人们会感到宇宙的博大和自身的渺小,所有的这一切,其实都是人的情感和自然的交融。大自然慷慨地赋予了人类天空、海洋、森林、河流、空气,使得一草一木都蕴藏着无尽的生机。一个艺术家、一个服装设计师或者是一个凡人都应该怀着感恩之心,肌肤之感,灵肉之情去呼吸、体会大自然赐给人类的福音与生命的征兆。

自然景观、宇宙的生命,都有着严谨而美妙的秩序,古希腊的毕达哥拉斯从自然生命的数序中发现了数理的美感和艺术的秩序。一只毫无智商的蜜蜂,也会将它的蜂场建构得天经地纬,毫厘无差。现代科技的仿生学,就是从自然景观和动植物的构造和运行中吸取灵感。仿生学对于服装设计也是大有潜力的,不仅因为动植物的生存方式可能会高明于人类,也因为大自然中所蕴含的美感可以开启人类的心灵。面对大自然,一位服装设计师或艺术家应该心怀敬畏,仰观俯察万物众生,观察自然中的生机,聆听大自然的天籁,从而丰富自己的创造。

季节变化是服装的规定性,人们根据季节来制定服装的生产和销售,形成了服装异季上市的规律。随着市场的变化和需求,也出现了反季设计和反季销售或四季之外的服装特征。(图11-19、图11-20)

图11-19 埃及街头菜贩

图11-20 巴黎香榭丽舍名店街景观

(二)人文创造和生命秩序

一切文化都是人的创造,人们在创造文化的过程,注重过程而忽略了目的,往往造成漠视人的结果和对人性的否定。一件时装,衣领上或袖口上有商标,不仅标明这个品牌的风格,也达到了画龙点睛的美感。但有的服装全身订满或印满了商标,人穿上以后就成了商标的载体和品牌的奴隶。所以,人文的创造,它的核心价值就是关心人,关注人的命运,关注人的心灵,关注人的生存处境。人的创造力是无限的,人的聪明才智可以创造世界也可以毁灭世界。艺术在作为人的创造的同时,也应该反省和表现人的这种异化和文化悖论。

观察现代服装史可以发现,这是种种现代社会的人类文明的变异,形成了现代服装的形状。现代艺术是现代人文创造的直观审美表现。现代艺术追求个性风格,各种形式演绎毕尽。视觉艺术从象征主义、表现主义、超现实主义、超级写实主义、结构主义、抽象表现主义、极现代服装设计的生态把历史的和现实的、各个地域的自然的非自然的,高雅的庸俗的全部搬上T字台,形成一个姹紫嫣红、争奇斗艳,欣欣向荣而又混乱无序的现状。各种文化资讯和艺术风格层出不穷,资源杂糅,旧料做新,新料做旧。服装设计界进入了一个基因转移、信息合成的生化创意时代。

八 传媒信息资源

现代人类生活在传媒之中,传媒很大程度上已经决定了人们的生活方式。如果人类一天不接触传媒,便会无所适从,几天不接触传媒,基本上就废掉了。所以从某种程度上来说,服装设计的创意资源和创意灵感,很大部分是取决于传媒信息资源。

(一)社会事件

生活在既定环境和既定规则之中的人们,其处境和命运的变化、转折,往往集中表现在社会实践上,社会实践是各种矛盾的冲突,各种利益的冲突和各种文化的冲突,人们通过传媒了解社会世界,亦会有不同的反应和阐释。所以传媒对社会事件的报道和宣传,牵动着民众的心理和情绪,社会实践的焦点性和象征性往往是艺术家和设计师用于表现民生民意的重要资源。例如5·12地震,自然灾害牵动了社会的赈灾扶危,亿万民众在解囊相助的同时,也会在国殇之际点燃亿万只烛火,悼念逝者,唤起民众。(图11-21、图11-22)

图11-21 70年代美国反战民众的街头集会

图11-22 5·12汶川地震

案例:切·格瓦拉是20世纪60年代古巴的革命领袖,他为了实现自己的革命理想,铲除资本主义,在南美洲的崇山峻岭中,率领游击队,企图推翻政府军。格瓦拉为革命理想而捐躯,成为六七十年代全球左翼青年的崇拜偶像,在今天的消费社会中,格瓦拉的理想主义英雄形象被当做消费的资源和某种精神性理想性符号,在年轻人当中重新掀起了狂热。他的头像被印在服装上,行销全球。

(二)国际资讯

今天的网络时代,地球村的现实,拉近了世界的距离。今天发展中国家最贫穷的、最边缘的山村孩子们都穿着仿冒的阿迪达斯和耐克,好莱坞影星的月份牌贴在透风漏雨的墙壁上,电视把全球的豪华生活方式和贫困生活状态,灌输给所有的人。今天的中国城市,人们的生活方式和服装形态几乎就是国际化的形态。中国城市绝大部分青年女性都不同程度地染着金发,服装款式和资讯来自巴黎、纽约、东京和首尔。世界的化妆品充斥着中国的百货大楼。沃尔玛、麦德龙世界一流的超级市场，遍布中国的城市。人们关注着华尔街的交易指数、承受着全球金融危机给自己生活开支带来的削减。旅游购物团每天从香港购回满车的名牌服装。20年以前，中国人围观外国来华旅行者，而今天全球旅游胜地，满是中国人的身影。随着国际油价而起落的燃油价格，疯狂增长的私家车在加油站翘望着。十几年前，人们还忌讳服装的暴露，今天，中国的所有城市都在进行穿着比基尼三点式的选美活动。

中国的外汇储备已居世界前列，并积极参与国际实业订购。当初，被中国人认为国际时尚的象征皮尔·卡丹的品牌，已属国人所有。被山西煤老板认作财富象征而狂购的悍马车，已隶属中国民企。中国的每一个农民工都能切身感受到国际贸易与现实生活的千丝万缕。全球经济一体化，牵一发而动全身，文化资讯的国际化也是如此，北京奥运会的开幕式使全球聚焦中国的文化。迈克·杰克逊的葬礼使亿万中国人为之叹息。几乎任何国际上的政治和经济变动都会影响波及到世界。地区性的重要文化活动，也会通过传媒影响到全球。在全球性中，艺术家和设计师的国际触觉都是非常重要的，国际资讯可以促成你的创意，而你的创意也可能会具有国际性的效益。

(三)政治资源

在以政治意识形态为中心的社会阶段中，政治是决定人类服装的主要因素。"文革"期间，全国服装一片蓝灰，全国山河一片红，就是高度集中的政治所致。改革开放以来，政治和行政命令，影响服装文化的情况很少见到，但国际、国内的一些政治活动，通过传媒或公众效应，仍然会发生一些影响和作用。如欧派克会议，高层领导人会穿着东道主国家的民族服装，以示尊重该国文化传统和表示团结一致。在上海举行的欧派克会议，各国首脑穿着中式服装，随之掀起了中国服装的唐装热。(图11-23)

图11-23 （左）：英国王妃戴安娜题材 （右）：亚洲太平洋地区城市市长峰会贵宾服装

案例一：2005年，亚洲及太平洋地区市长峰会在重庆召开，亚太地区120个地区市长集聚重庆，东道主重庆市给与会代表设计了重庆及西南地区土家族风格的"巴渝盛装"。盛装的设计者采用了土家族和亚太地区各国家民族通用的螺旋纹符号，设计款式具有浓烈的中国民族的气度，受到与会各国的盛赞。这套服装获取2008年中国工业设计创新红星奖。

(四)人物资源

　　服装是为了人而创造,服装设计师离不开对人的观察,形形色色的人物都是形成服装创意的灵感和资源所在。如何理解服装的人性关怀？如何理解服装是人的内在精神的外化？这需要理解人、观察人、研究人。服装设计师们总爱说自己设计的服装是有性格的,这通常是指设计师自己的性格,而非设计师对各种人物性格的捕捉而表现出的服装设计形态。人物的形象、心理、性格是多样的、复杂的。你设计的服装总是要受到消费者性格因素的选择,虽然设计师的服装具有不同人物和族群的针对性,但尽可能的包容消费者类型,使更多相异的人共同喜欢你设计的服装,那将是一件非常快意的事情。

　　服装创意和设计往往能够塑造人物的形象,表现人的气质和内心世界。要使服装具有这种魅力和能量,这需要对服装的对象有准确的把握。一般说来,人类都是人以类聚的,人的长相和身材也是可以分类的。人的举止、气质虽然不能截然区别,但是有很多相似者。相同类型的人总有着相同的习惯、趣好、语言、衣着习惯和形象特征。我们在用服装塑造形象的时候,其实就有些像电影导演在琢磨根据人物的性格和特征给他穿上什么服装,更能使其形神兼备,尤其是将服装作为艺术表现的手段时,对人物的理解就更重要了。比如我们要给一个性格忧郁、举止矜持的人进行形象设计,我们肯定不能用张扬的形式和明朗的色彩。根据对他(她)的感受,设计师可以用色彩倾向比较暧昧的面料,比较相对收敛的款式,并且还要给以一些优雅的形态,这样便能够使他的忧郁和矜持变作一种生动的美感,而不是拒人以千里之外的冷漠。比如,设计师要装扮一个正在恋爱的淑女,为她的约会设计形象。设计师既要考虑她的热情,又要保持她的独立的气质,并且还要注意她服饰的一些精微的细节,因为在情人的眼睛里,细节是很重要的。服装因人而异,高明的设计师是从人的性格去把握的,而不是单纯地从款式。

　　公众人物的形象资源尤能成为民众的时尚趣味和心理导向,领袖人物的形象就更是民众聚焦的所在。奥巴马在就任美国总统前夕,被美国传媒介评为"最佳衣着形象者",这可能有选民的作用,但也包含着民众对首脑人物形象的时尚化诉求。奥巴马是美国社会的神话,从一介底层的非洲移民,位居总统,他实现了黑人和少数民族的百年梦想,创造了民主社会、平等社会的奇迹。人们不会去模仿他的衣着,但对其形象的信任这也标志着某种新时代、新观念的开始。

　　在大众文化的形象趣味中,又有一些另类的形象往往成为争议的焦点和民众心理情绪、情结的符号。风光一时的芙蓉姐姐就是这样,与明眸皓齿、三维匀称的通俗选美标准相对立,芙蓉姐姐横空出世,挑战常识,面对垢言非议,一往无前、刀枪不入。芙蓉姐姐的出场,

图11-24　人类的经典艺术作品是服装设计师永不枯竭的创意资源。

作为一种审美民主的标志,个性的张扬和社会的宽容,她已超越了美丑雅俗之辨的意义,成为消费时代,民众自由和媒体暴力交欢的产物。(图11-24)

(五)民俗资源

民俗资源与流行文化不一样,流行文化是靠现代文化和消费来传播的,而民俗是靠生活习俗和师德传承对传统的守持。服装的民俗一方面有它的固定性,不易轻易变革;另一方面民俗也受到流行消费潮流的冲击。对服装设计师来说,服装民俗也是一种资源,其传统的穿着习惯和固定的服装形态当中,还有穿着的禁忌。民间婚娶丧嫁的服装特点以及各地区民俗服装有什么差异,了解这些都是服装设计的积极手段。民俗服装有一些禁忌,

图 11-25 设计师创作的现代土家族服装

往往有色彩的禁忌和时辰的禁忌以及伦理尊卑的禁忌,如在流行色中,黑色仅仅是一种表现手段,但在民俗服装中黑色往往是被禁忌的,所以设计师应该对民俗习惯予以了解,注意忌讳。(图11-25)

案例:中式新娘妆。中国青年人大部分仍然是追寻传统的结婚的良辰吉日,比如,传统的端午节、中秋节,结婚的就特别多。中国人的南北民俗,青年人一定要穿着红色嫁妆,有的还保留着红盖头的习俗,这种中国传统的嫁妆的方式随着今年对传统民俗的重视,又很风行。所以,每当这些节日到来之前,设计师都会专门设计中国式的新娘装,这种新娘装保持了婚嫁的传统民俗形态,且又符合现代服装流行趋势,又不逊色于现代服装,把传统的盖头变成装饰的纱巾。这种服装有不同的销售业绩。这就是中国式的婚纱,现代城市的新娘都喜欢穿欧式服装,这种中式服装起到了恢复中国民俗的传统的作用。许多新娘在穿完欧式服装后,又喜欢穿上中式新娘装。

(六)趣好资源

人类对事物和事业的关注最大的动力就是趣好,人类为趣好可以拿出很多时间,比如许多妇女的趣好就是逛商店、买衣服,有些人的趣好就是搜集各种藏品,这些藏品本身也许没什么,但加上它岁月的累积,就价值连

城。这些趣好也许趣味怏然,也许味同嚼蜡,但都有为之关注和炫耀一世的价值。设计师能把趣好作为资源融入服装设计中去,使服装充满生趣。比如服装形态的趣味倾向,吸引消费者群体,有的服装款式没什么工艺,就仅仅是有某种趣味也能够招来观众。这就像手机上的彩铃,没什么具体的意义,但有虚拟声音的趣味。服装的表意功能是有限的,要想通过服装来展现具体的思想意义不太可能,但是服装可以设计得很有趣味,趣味是可以通过服装的形状、结构、款式、色彩、细节来体现的。

> 案例:西装应该有几颗扣?西装是很规范的服装,一般没有很大变化。这是因为西装的款式是由人际交往的正式场合所规定的。在西装上也有一些细小的变化,西装一般正面,大纽扣有两颗、三颗和四颗,最多有五颗,而袖口小纽扣有两颗、三颗和四颗,最多情况下到十颗。其实没有对西装应该有几颗扣有礼记的规定,这其实是一种趣味所在。扣数少,则有轻松的意味。扣数多,则有严谨的意味。但是纽扣太多了,就成了荒诞和游戏的趣味,所以对趣味的把握是有度量的,合适调配细节才会呈现出不同的趣味。

> 案例:服装的装饰除了基本的结构、款式和面料之外,服装还可以进行各种形状和各种工艺的装饰。装饰这种表现语言没有具体的精神旨意,装饰的本质就是通过纹样的秩序而产生趣味。服装的装饰有面料的装饰、纹样的装饰和配饰的装饰。巧妙的使用可以产生浓厚的趣味。一般而言,纹样和配饰的装饰在服装上,是占少数的比例,还要给面料留出空间。但设计师也可以把装饰的趣味推到极致,当将通体的服装布满纹样和装饰时,这是用装饰的手法替代了服装的本体,也会产生一种另类的效果。

趣味的要领是要产生心灵的惬意和生命的启迪,你的设计不能打动人的心灵,便没有趣味。趣味就是生命活力的体现和对生命意义价值的表露。这种趣味的表现往往取决于细节。从对细节的勾勒中产生一种生命的活力和异趣,从而使人倾心和关注,这也是服装取胜的要领。有时你会在商店的柜台中,被一件服装所打动,这就是具备了一些你所感兴趣的动人的细节。趣味是具有个性的、因人而异的,趣味同时也是共同的、传播的。当某一件服装具有了共同的趣味时,便形成了流行趣味。

思考题

1. 举例说明服装的社会价值和社会应用。
2. 简述流行文化和流行服装的关系。
3. 简述服装艺术和其他视觉艺术的关系。
4. 自然资源对服装设计有什么启迪和关联?
5. 服装设计师应该怎样对待服装之外的艺术资源?

牟 群跋

书稿付梓之际，恰逢伦敦艺术大学国际部负责人 Tony Alston 来访梁明玉工作室，谈甚洽。 Tony Alston 谈到，圣马丁学院的学生往往感觉自己是艺术家，未来大师，他问这些学生你们作品的制作是自己完成的吗？学生们说，是我指导工人完成的。Tony Alston 惊叹，你们自己都不知道怎样去做手工，怎么去指导工人们做呢？在伦敦服装学院，教学强调手工制作，培养学生的动手能力，使之毕业后能够适应市场的现实，然而正是这位注重实作的 Tony Alston，当年从众多的学子中发掘了誉满全球的约翰·加利亚诺。可见，浪漫不羁、天马行空和脚踏实地、亲力亲为，都是服装设计师必备的素质。一个合格的服装设计师，是能将其创意作为生产力贡献于社会和民众的。而服装产业的性质，诚如卡尔·马克思在《1844年哲学经济学手稿》中所言："人不仅按物的尺度生产，也按美的尺度生产。"

诚挚感谢本书责任编辑王煤女士真诚的关怀和卓越的编辑意见，感谢编辑秦溶骏女士对本书付出的辛勤劳动，感谢上海大学巴黎服装学院院长沈志文教授和西南大学纺织学院院长吴大洋教授的鼎力支持，尤其衷心感谢德高望重的英国牛津大学教授、国际知名的艺术理论泰斗苏立文教授专为本书作序，使本书增添了无限的荣誉。感谢我的学生唐烨、荣占国、李斌承担本书撰稿中的排版、录图、校对等工作，如果没有上述关怀、帮助者，本书的完稿则难以想象。

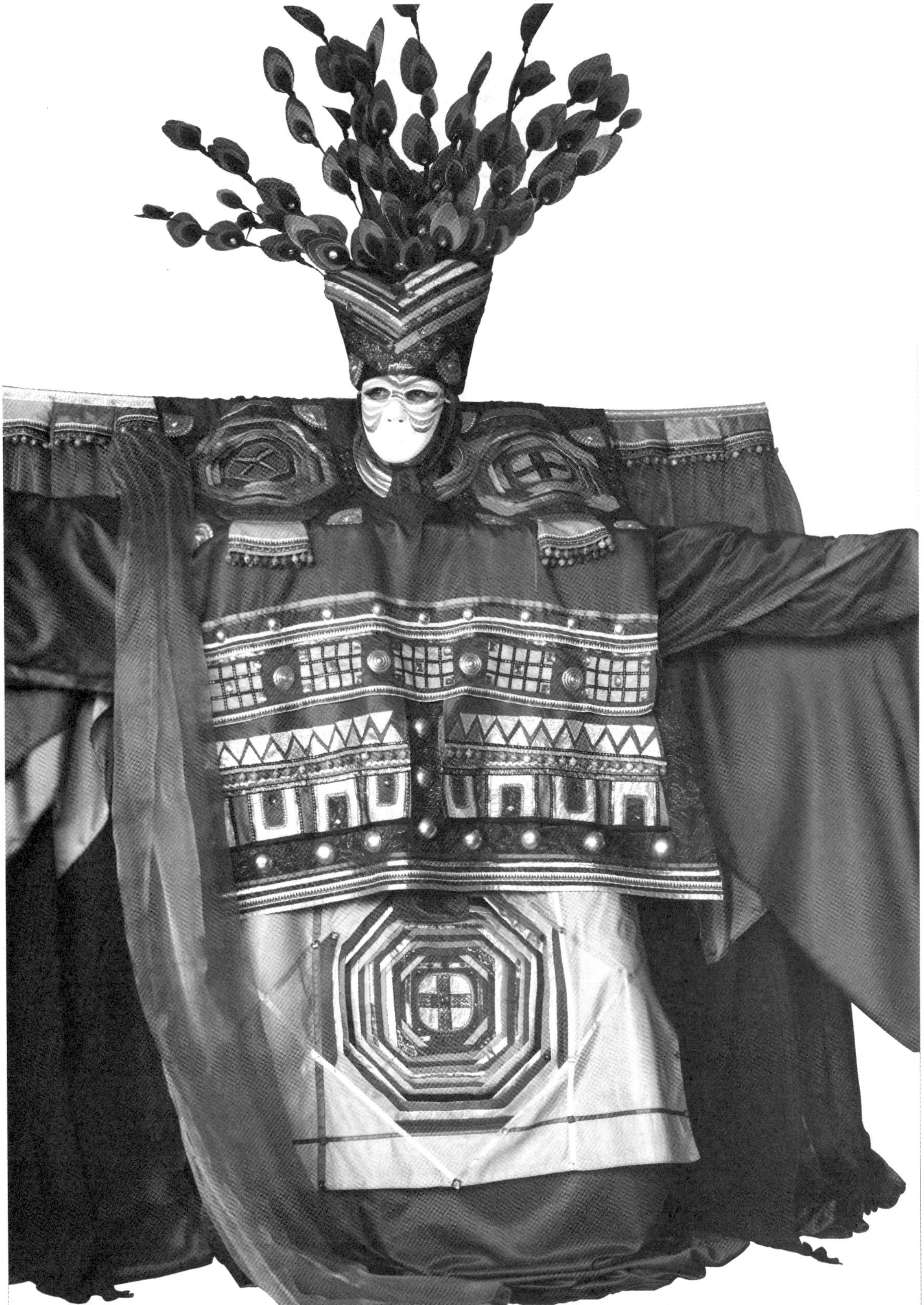

图书在版编目(CIP)数据

创意服装设计学／梁明玉等著．—重庆：西南师范大学出版社，2010.11(2012.7重印)
ISBN 978-7-5621-5031-2

Ⅰ．①创… Ⅱ．①梁… Ⅲ．①服装—设计 Ⅳ．①TS941.2

中国版本图书馆CIP数据核字(2010)第168134号

高等院校服装专业教程
创意服装设计学

著　　者：	梁明玉　牟　群
责任编辑：	王　煤
封面设计：	乌　金　晓　町
装帧设计：	梅木子
出版发行：	西南师范大学出版社
	网址：www.xscbs.com
	中国·重庆·西南大学校内
邮　　编：	400715
经　　销：	新华书店
制　　版：	重庆康豪彩印有限公司
印　　刷：	西南师范大学出版社照排部
开　　本：	889mm×1194mm　1/16
印　　张：	13
字　　数：	375千字
版　　次：	2011年1月　第1版
印　　次：	2012年7月　第2次印刷
书　　号：	ISBN 978-7-5621-5031-2
定　　价：	32.00元